JN301379

流体力学

―基礎と応用―

Fluid Mechanics

社河内敏彦・辻本公一・前田太佳夫

共　著

養賢堂

まえがき

　自然界および私達の生活でみられるミクロからマクロにわたる多種・多様な流れ現象を理解しそれを有効に利用するには，流体力学（fluid dynamics）や流体工学（fluid engineering）の知識と手法が極めて重要である．

　また，近年，私たちの生活を脅かすような種々の環境エネルギー問題，例えば，汚染物質の拡散による大気や水環境の汚染，地球の温暖化や異常気象に関する省エネルギーや気象に関係する問題，などが生じその早急な解決が強く求められている．その際，流体，熱および物質の移動・拡散が主に対流によって（流れに乗って）おこなわれる場合，流体の運動・挙動がその現象に対して決定的に支配的となる．この意味でも，流体力学や流体工学の知識や手法を理解し習得することが極めて重要になる．

　また，種々の流体機械やエンジンなどの熱機関の効率を改善し省エネルギー化を図るにも，流体力学や流体工学の知識や手法が鍵となる重要な事項である．

　ところで，観点を変え世の中の事象が時間の経過とともに推移することを考えると，そのほとんど全てが"流れ"という言葉，現象に関係する．例えば，すぐに思い当たる水や空気などの流体の流れだけでなく，物の流れ（物流），車・人の流れ（交通流），あるいは，時の流れ（歴史），などである．このような点からも，流体力学や流体工学の知識や手法への興味は尽きない．

　本書では特に流体の流れ現象について，その特徴と取り扱い方法を理論的，数値的および実験的解析に基づいて説明する．

　著者らは，大学工学部，大学院工学研究科において「流体力学」，「輸送現象論」および「環境流動学」など流体力学や流体工学に関係する講義や研究をおこなっているが，学生にとっては理解しにくい多くの事項・内容がある．このようなことから，本書は流体力学，流体工学を学ぶ工学関係の大学生，大学院生および技術者を対象に，流れ現象が理解し易いように著された教科書または参考書である．

　この種の書として既に国内外に多くの名著が存在することは承知しているが

[2]　まえがき

　上記の観点から，本書ではまず流体力学や流体工学の基礎的事項の理解と習得に主眼を置き，実際的な問題をも含めて，例題を取り上げながらそれらを説明する．

　次いで，流体力学や流体工学現象を数学的に記述しそれらを理論的に解析することについて説明する．例えば，

　第1章で基礎方程式（質量や運動量などの各種保存式），

　第2章で理想流体（非圧縮，非粘性流体）の力学，さらに実際の流体の流れ現象を数学的に記述しそれらの解析結果を実験結果を使って補足，拡充させ実用に供することについて説明する．例えば，

　第3章で粘性流体の力学（境界層，噴流と後流，物体の抗力と揚力），

　第4章で圧縮性流体の力学，

　また，流れの測定法，数値解析法の概略を説明する（第5章 流れの測定・予測，数値流体力学）とともに，

　実際の複雑な流れについて幾つかの例を示しながら説明する（第6章 実際の複雑な流れ）．

　これらのことから，本書は読者が興味を持って流体力学や流体工学の初歩と中位の知識と考え方を理解し習得されるように，また，さらに高度な知識の理解と習得に意欲を燃やされるように，と願い著されたものである．なお，重要と思われる事項を罫線で囲んで示した．また，内容を理解し易くするために，先にも述べたように多くの例題と演習問題を取り入れた．

　本書による学習によって，これらの幾ばくかが果たされることを願うものである．

　本書を著す機会を与えられた（株）養賢堂，三浦信幸氏に感謝します．

2008年6月30日

著　者

目　次

第 1 章　流れの基礎 ·· 1

1.1 単位と次元 ·· 1
　1.1.1 単　位 ··· 1
　1.1.2 次　元 ··· 2
1.2 数学的な準備 ·· 3
　1.2.1 スカラー量，ベクトル量 ··· 3
　1.2.2 スカラーやベクトルに関する演算 ································· 3
　1.2.3 テイラー展開による近似 ··· 5
1.3 流体の基礎的な定義 ·· 6
　1.3.1 流れの物理量 ··· 6
　1.3.2 連続体の仮定 ··· 7
　1.3.3 密度と比体積 ··· 8
　1.3.4 力，応力 ··· 8
　1.3.5 圧　力 ··· 9
　1.3.6 粘　性 ·· 10
　1.3.7 熱伝導 ·· 12
1.4 運動の記述に関する定義 ··· 13
　1.4.1 座標系とベクトル ·· 13
　1.4.2 運動の視点 ·· 14
　1.4.3 実質微分 ·· 15
　1.4.4 流れにおける変形 ·· 16
　1.4.5 粘性応力 ·· 20
1.5 流れの動力学 ··· 22
　1.5.1 定常流れと非定常流れ ·· 22
　1.5.2 流線，流管，流脈線，流跡線 ···································· 22
　1.5.3 渦（強制渦，自由渦，ランキン渦） ······························ 25
1.6 基礎方程式の導出 ··· 27
　1.6.1 保存法則 ·· 28
　1.6.2 質量保存式（連続の式） ·· 28

1.6.3　運動量保存式(運動方程式)･････････････････････････････31
　　1.6.4　エネルギー保存式･････････････････････････････････････34
　　1.6.5　熱輸送の支配方程式･･･････････････････････････････････38
　　1.6.6　非圧縮流れ場の支配方程式(物性値が一定値をもつ場合)･････40
　　1.6.7　その他の座標系による表示･････････････････････････････41
　　1.6.8　基礎方程式の無次元化･････････････････････････････････42
　第1章の演習問題･･･44

第2章　理想流体(非粘性流体)の力学･･･････････････････････････45
　2.1　理想流体を支配する方程式･････････････････････････････････45
　2.2　循環および循環定理･･･････････････････････････････････････47
　　2.2.1　循　環･･･47
　　2.2.2　循環定理･･･49
　2.3　流れ関数･･･49
　　2.3.1　流れ関数の定義･･･････････････････････････････････････50
　　2.3.2　流線の証明･･･50
　　2.3.3　流量の証明･･･50
　2.4　速度ポテンシャル･･･52
　　2.4.1　速度ポテンシャルの定義･･･････････････････････････････52
　　2.4.2　圧力方程式･･･53
　2.5　複素ポテンシャル･･･54
　2.6　複素ポテンシャルにより表される簡単な流れ･････････････････56
　　2.6.1　一様な流れ･･･56
　　2.6.2　吹出し(湧出し),吸込み･･･････････････････････････････57
　　2.6.3　渦･･･58
　　2.6.4　二重吹出し･･･59
　　2.6.5　円柱周りの流れ･･･････････････････････････････････････60
　2.7　等角写像･･･63
　2.8　等角写像の応用･･･64
　　2.8.1　ジューコフスキー変換･････････････････････････････････64
　　2.8.2　平板の揚力･･･65
　第2章の演習問題･･･66

第3章　粘性流体の力学 ································· 68
3.1　運動方程式 ······································ 68
3.2　速度分布 ·· 69
3.2.1　層流の場合 ·································· 69
3.2.2　乱流の場合 ·································· 71
3.3　境界層 ·· 72
3.3.1　層流境界層 ···································· 74
3.3.2　境界層の運動方程式 ·························· 75
3.3.3　乱　流 ······································ 81
3.3.4　乱流境界層 ·································· 83
3.3.5　境界層のはく離 ······························ 89
3.4　噴流と後流 ······································ 90
3.4.1　噴流（自由噴流，他） ························ 91
3.4.2　壁面噴流 ···································· 104
3.4.3　後　流 ······································ 109
3.5　物体の抗力（抵抗）と揚力 ······················ 112
3.5.1　抗力（抵抗） ································ 112
3.5.2　揚　力 ······································ 118
第3章の演習問題 ···································· 123

第4章　圧縮性流体の力学 ····························· 125
4.1　熱力学的関係式 ·································· 125
4.1.1　気体の状態方程式 ···························· 125
4.1.2　内部エネルギーと定積比熱 ···················· 125
4.1.3　エンタルピーと定圧比熱 ······················ 126
4.1.4　比　熱 ······································ 127
4.1.5　等エントロピー変化 ·························· 127
4.2　音速とマッハ数 ·································· 128
4.2.1　音　速 ······································ 128
4.2.2　マッハ数 ···································· 130
4.3　一次元流れ ······································ 132
4.3.1　断熱流れ ···································· 132

4.3.2 等エントロピー流れ・・・・・・・・・・・・・・・・・・・・・・・・・・・・・・・ 134
4.3.3 等エントロピー変化が仮定できる流れ ・・・・・・・・・・・・・・・ 137
4.4 衝撃波・・・ 140
4.4.1 衝撃波の特性 ・・・・・・・・・・・・・・・・・・・・・・・・・・・・・・・・・・・・・ 140
4.4.2 ランキン・ユゴニオの式 ・・・・・・・・・・・・・・・・・・・・・・・・・・・ 142
第4章の演習問題・・・ 143

第5章 流れの測定・予測（数値解析）・・・・・・・・・・・・・・・・・・・・・・・・ 145
5.1 測　定・・・ 145
5.1.1 圧　力・・・ 145
5.1.2 速　度・・・ 146
5.1.3 流　量・・・ 150
5.2 数値流体力学・・・ 151
5.2.1 数値解析の流れ ・・・・・・・・・・・・・・・・・・・・・・・・・・・・・・・・・・・・ 152
5.2.2 計算手法と支配方程式の離散化 ・・・・・・・・・・・・・・・・・・・・・ 152
5.2.3 格子生成・・・ 154
5.2.4 非圧縮流れ場の数値計算法 ・・・・・・・・・・・・・・・・・・・・・・・・・ 155
5.2.5 乱流の数値解析 ・・・・・・・・・・・・・・・・・・・・・・・・・・・・・・・・・・・・ 156
第5章の演習問題・・ 162

第6章 実際の複雑な流れ ・・・・・・・・・・・・・・・・・・・・・・・・・・・・・・・・・・・ 163
6.1 乱流構造・・・ 163
6.1.1 噴流・混合層 ・・・・・・・・・・・・・・・・・・・・・・・・・・・・・・・・・・・・・・ 163
6.1.2 壁乱流・・・ 166
6.2 大気乱流・・・ 168
6.2.1 風のスケール ・・・・・・・・・・・・・・・・・・・・・・・・・・・・・・・・・・・・・・ 168
6.2.2 地表付近の気象現象 ・・・・・・・・・・・・・・・・・・・・・・・・・・・・・・・・ 169
6.2.3 大気境界層・・・ 170
6.2.4 表面粗度のある場合の風 ・・・・・・・・・・・・・・・・・・・・・・・・・・・ 173
6.2.5 地形・地物の影響による風 ・・・・・・・・・・・・・・・・・・・・・・・・・ 174
6.3 混相流・・・ 176
6.3.1 気液二相流・・・ 176

  6.3.2 その他の混相流 ………………………………………… 180
 6.4 流体機械における流れ …………………………………………… 180
  6.4.1 流体機械の動力 …………………………………………… 181
  6.4.2 相似則 ……………………………………………………… 181
  6.4.3 ポンプ ……………………………………………………… 184
  6.4.4 送風機 ……………………………………………………… 185
  6.4.5 水　車 ……………………………………………………… 187
  6.4.6 風　車 ……………………………………………………… 188
 第6章の演習問題 ……………………………………………………… 189

演習問題の解答 ………………………………………………………… 191
参考文献 ………………………………………………………………… 200
索　引 …………………………………………………………………… 202

第1章　流れの基礎

　私たちが日常に接する水などの液体や空気などの気体の運動は，個々の原子や分子の運動のスケール（大きさ）よりもはるかに大きなスケールにある．これらの多数の分子・原子の運動によって生じる物理的な性質は，例えば流体の圧力や温度である．流体の温度や圧力を計測すればそれらの空間的な分布は連続的に変化している．このような連続体を考えることが流れの世界を考える出発点である．

　本章では流れの基礎的な事項を学び，流体の挙動を支配する方程式（質量保存式，運動方程式，エネルギー保存式）について考える．

1.1　単位と次元

　以下に示す単位と次元は，基礎式を立てる場合や無次元化（1.6.8節，参照）を考える場合の出発点である．

1.1.1　単位

　本書で示す物理量の単位は，SI単位系（国際単位系）に従う．長さ，質量，時間，温度は基本単位で，それらを組み合わせて作られる組立単位によりさまざ

表1.1　本書で用いるSI単位系

	物理量	記号	名称	備考
基本単位	長さ 質量 時間 熱力学的温度	m kg s K	メートル キログラム 秒 ケルビン	
組立単位	力 仕事・エネルギー・熱量 仕事率・動力 圧力・応力 粘性係数	N J W Pa Pa·s	ニュートン ジュール ワット パスカル パスカル秒	$N = kg \cdot m/s^2$ $J = N \cdot m$ $W = J/s$ $Pa = N/m^2$ $Pa \cdot s = N \cdot s/m^2$

まな物理量（仕事・エネルギー，圧力・応力，粘性係数等）が表される（表1.1，参照）

1.1.2 次　元

次元は物理量の単位を基本単位の指数の形で示す．

例えば，力の単位は $[\mathrm{N/m^2}]$ でその次元は MLT^{-2} となる．

表1.2　次　元

基本単位	次元
長さ	L
質量	M
時間	T

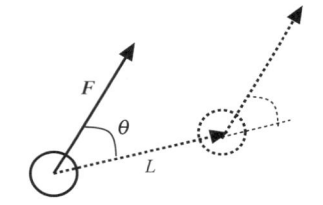

図1.1　力と仕事

[例題1-1] 仕事の単位と次元

力 $\boldsymbol{F}$ はベクトル量である．図1.1のように移動した物体の移動がベクトル $\boldsymbol{L}$ で示されるとき，仕事ならびにその次元と単位はどのように表されるか示しなさい．

（解）

仕事 W は移動した方向に作用した力を考えるので，

$$W = |\boldsymbol{F}|\cos\theta|\boldsymbol{L}|$$
$$\text{（内積の定義より）} = \boldsymbol{F}\cdot\boldsymbol{L} \tag{1}$$

単位は $[\mathrm{N\cdot m}]$ あるいは $[\mathrm{J}]$，次元は単位から，ML^2T^{-2} となる．

[例題1-2] 不明な物理量の単位と次元

いま，物理量 a が b $[\mathrm{N}]$ と c $[\mathrm{m^2}]$ から $a=b/c$ で定義されている．このとき，a の単位と次元は何か．

（解）

単位は $[\mathrm{Pa}]$ あるいは $[\mathrm{N/m^2}]$，次元は $ML^{-1}T^{-2}$ である．

1.2 数学的な準備

1.2.1 スカラー量，ベクトル量

流れに関係する物理量を整理すると次表となる．スカラー（scalar）量は大きさのみで決まる量で，ベクトル（vector）量は大きさと向きの両方をもつ量である．

表1.3 スカラー量とベクトル量

	物理量
スカラー量	質量 M，温度 T，圧力 p
ベクトル量	力 f，重力 g，速度 u，加速度 a

（注）圧力は方向をもたないのでスカラー量に分類されることに注意する．

1.2.2 スカラーやベクトルに関する演算

詳細な解説はベクトル解析のテキスト等に譲ることとし，演算記号の定義と，具体的な成分を表1.4，1.5に示す．

これら演算はベクトル的に表現でき，この表記の仕方をベクトル表示と呼ぶ．

表1.4 ベクトルの演算

	演算記号	成分	備考
ベクトルの内積	$a \cdot b$	$a_x b_x + a_y b_y + a_z b_z$	スカラー量
ベクトルの外積	$a \times b$	$(a_y b_z - a_z b_y,\ a_z b_x - a_x b_z,\ a_x b_y - a_y b_x)$	ベクトル量

（注）ベクトル a, b はそれぞれ $a = (a_x, a_y, a_z)$，$b = (b_x, b_y, b_z)$

表1.5 スカラーとベクトルの微分

	演算記号	成分	備考
スカラー量 f の勾配 （gradient）	$\nabla f = \mathrm{grad}\, f$	$\left(\dfrac{\partial f}{\partial x},\ \dfrac{\partial f}{\partial y},\ \dfrac{\partial f}{\partial z}\right)$	ベクトル量
スカラー量 f のラプラシアン（Laplacian）	$\nabla^2 f = \nabla \cdot \nabla f$	$\dfrac{\partial^2 f}{\partial x^2} + \dfrac{\partial^2 f}{\partial y^2} + \dfrac{\partial^2 f}{\partial z^2}$	スカラー量
ベクトル $\boldsymbol{a}$ の発散 （divergence）	$\nabla \cdot \boldsymbol{a} = \mathrm{div}\, \boldsymbol{a}$	$\dfrac{\partial a_x}{\partial x} + \dfrac{\partial a_y}{\partial y} + \dfrac{\partial a_z}{\partial z}$	スカラー量
ベクトル $\boldsymbol{a}$ の回転 （rotation）	$\mathrm{rot}\, \boldsymbol{a} = \nabla \times \boldsymbol{a}$	$\left(\dfrac{\partial a_z}{\partial y} - \dfrac{\partial a_y}{\partial z},\ \dfrac{\partial a_x}{\partial z} - \dfrac{\partial a_z}{\partial x},\ \dfrac{\partial a_y}{\partial x} - \dfrac{\partial a_x}{\partial y}\right)$	ベクトル量

（注）表1.5の2列目の演算記号に $\nabla = \left(\dfrac{\partial}{\partial x},\ \dfrac{\partial}{\partial y},\ \dfrac{\partial}{\partial z}\right)$（ナブラ）が用いられている．

［例題1-3］ ベクトル表示の定義

表1.5の2列目に示す演算から3列目の成分を導きなさい．

（解）

ベクトルと考え内積をとればよい．

$$\left.\begin{aligned}
\nabla f &= \left(\dfrac{\partial f}{\partial x},\ \dfrac{\partial f}{\partial y},\ \dfrac{\partial f}{\partial z}\right) \\
\nabla^2 f &= \nabla \cdot \nabla f = \left(\dfrac{\partial}{\partial x},\ \dfrac{\partial}{\partial y},\ \dfrac{\partial}{\partial z}\right) \cdot \left(\dfrac{\partial f}{\partial x},\ \dfrac{\partial f}{\partial y},\ \dfrac{\partial f}{\partial z}\right) \\
&= \dfrac{\partial^2 f}{\partial x^2} + \dfrac{\partial^2 f}{\partial y^2} + \dfrac{\partial^2 f}{\partial z^2} \\
\nabla \cdot \boldsymbol{a} &= \left(\dfrac{\partial}{\partial x},\ \dfrac{\partial}{\partial y},\ \dfrac{\partial}{\partial z}\right) \cdot (a_x, a_y, a_z) = \dfrac{\partial a_x}{\partial x} + \dfrac{\partial a_y}{\partial y} + \dfrac{\partial a_z}{\partial z} \\
\nabla \times \boldsymbol{a} &= \left(\dfrac{\partial}{\partial x},\ \dfrac{\partial}{\partial y},\ \dfrac{\partial}{\partial z}\right) \times (a_x, a_y, a_z) \\
&= \left(\dfrac{\partial a_z}{\partial y} - \dfrac{\partial a_y}{\partial z},\ \dfrac{\partial a_x}{\partial z} - \dfrac{\partial a_z}{\partial x},\ \dfrac{\partial a_y}{\partial x} - \dfrac{\partial a_x}{\partial y}\right)
\end{aligned}\right\} \quad (1.1)$$

1.2.3 テイラー展開による近似

基礎方程式を導く際,微小距離だけ離れた位置の物理量の近似が必要になる.その方法としてテイラー展開による近似がある.

<u>微小距離離れた場所の物理量 f の近似</u>:

$$f(x+\mathrm{d}x) \approx f(x) + \frac{f'(x)}{1!}\mathrm{d}x = f(x) + \frac{\mathrm{d}f(x)}{\mathrm{d}x}\mathrm{d}x \tag{1.2}$$

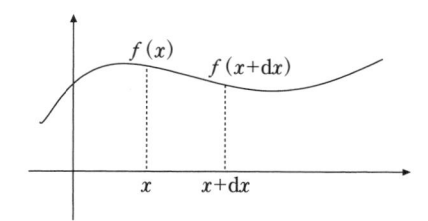

図 1.2 物理量 f の分布

<u>テイラー展開</u>:

$$f(x) = f(a) + \frac{f'(a)}{1!}(x-a) + \frac{f''(a)}{2!}(x-a)^2$$
$$+ \cdots + \frac{f^{(n)}(a)}{n!}(x-a)^n + R(x) \tag{1.3}$$

ここで,$R(x)$ は剰余である.

<u>式 (1.2) の導出</u>:

ある関数 $f(x)$ が n 回微分可能であれば,$x=a$ の周りで式 (1.3) のように展開できる.微小量 $\mathrm{d}x$ だけ離れた x と $x+\mathrm{d}x$ を考え,上式の a と x にそれぞれ対応させる.微小量 $\mathrm{d}x$ の二次以上の項を無視すると,式 (1.2) が成立する.

[例題 1-4] 二次元の場合のテイラー展開

二つの変数をもつ関数 $f=f(x,y)$ がある.微小距離離れた位置での $f(x+\mathrm{d}x, y+\mathrm{d}y)$ はどのように近似されるか.

(解)

$(x, y+\mathrm{d}y)$ での近似は

$$f(x, y+\mathrm{d}y) = f(x, y) + \frac{\partial f(x, y)}{\partial y}\mathrm{d}y$$

さらに $(x+\mathrm{d}x, y+\mathrm{d}y)$ で近似する(微小量 $\mathrm{d}x\mathrm{d}y$ の項を無視する)と,

$$\left.\begin{aligned}f(x+\mathrm{d}x, y+\mathrm{d}y) &= f(x+\mathrm{d}x, y) + \frac{\partial f(x+\mathrm{d}x, y)}{\partial y}\mathrm{d}y \\ &= f(x, y) + \frac{\partial f(x, y)}{\partial x}\mathrm{d}x + \frac{\partial f(x, y)}{\partial y}\mathrm{d}y\end{aligned}\right\} \quad (1.4)$$

1.3 流体の基礎的な定義

1.3.1 流れの物理量

流体の状態や性質を表すのに必要な物理量は次のように分類される.

流体の性質を表す物理量は物性を表し,あらかじめ計測装置で計測できる量である.一方,状態を表す量は流れのさまざまな状況に応じて変化する量である.流れを知ることは流れの状態量を調べることを意味する.ここでは密度は流体の性質に分類された.高速に流れる気体(第4章,参照)では密度は流れの影響を受け大きく変化する.この場合,密度は流体の状態量を表す.

表1.6 流体の性質と状態

流体の性質	密度 ρ [kg/m^3],粘性係数 μ [Ps・s], 動粘性係数 ν ($=\mu/\rho$) [m^2/s],熱伝導率 λ [W/m・K]
流体の状態	速度 u [m/s],温度 T [K],圧力 p [Pa]

1.3.2 連続体の仮定

原子や分子よりもはるかに大きなスケールで眺めたとき，質量・エネルギーなどのさまざまな物理量が連続的に分布しているとみなせる物質のことを連続体（continuum）という．

小さなスケール（L）の領域で流体を観察すると分子，原子が激しく熱運動している様子がわかる（図1.3，参照）．このスケールでは領域を出入りする原子の数は瞬間に大きく変化する．この L を徐々に大きくし，単位体積中に存在する分子・原子の数を調べると，図1.4のようになる．L が L_0 を超えると瞬時の分子・原子の出入りのばらつきは無視されるようになり，ある一定値に近づくことになる．このようにあるスケール以上で眺めたとき，平均的な特性（例えば，圧力，温度等）が連続的に分布する物理量として定義される．液体（liquid）と気体（gas）はそれぞれ流体として扱われるが気体の場合，連続体として取り扱えるかどうかの判定はこのような流れのスケールと分子・原子間の距離の比であるクヌッセン数（Kn : Knudsen number）により判断される．

$$Kn = l_p/L_f \tag{1.5}$$

ここで，l_p は分子・原子の平均自由行程，L_f は流れの代表的なスケールである．分子の平均自由行程は気体の分子がある気体分子と衝突して次の衝突するまでの平均的な移動距離をいう．

一般に，Kn 数が0.01を超えると連続体とみなすことができなくなる．

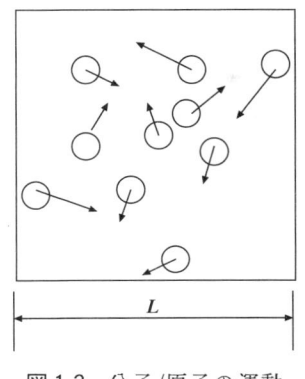

図1.3　分子/原子の運動（モデル）

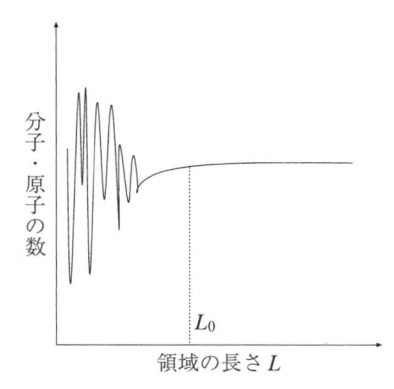

図1.4　瞬時の単位体積当たりの分子/原子の数の関係（モデル）

1.3.3 密度と比体積

流体の単位体積の質量を密度(density)という．記号は ρ を用い，SI 単位で $[kg/m^3]$ となる．この密度は，考える体積の極限をとることで定義される．連続体の仮定のもとでは分子・原子のスケール以上で物理量を定義することになる．したがって，極限をとる微小体積は連続体の仮定が成り立つ限界での極限 $\varDelta V_0$ がとられる．

密度：

$$\rho = \lim_{\varDelta V \to \varDelta V_0} \frac{\varDelta m}{\varDelta V} = \frac{\mathrm{d}m}{\mathrm{d}V} \tag{1.6}$$

ここで，$\varDelta V$ は流体中の微小体積，$\varDelta m$ は微小体積の質量である．

密度の逆数は比体積(比容積, specific volume)という．記号は $\tilde{v}$ を用いる．SI 単位で $[m^3/kg]$ となる．

比体積：

$$\tilde{v} = \frac{1}{\rho} \tag{1.7}$$

1.3.4 力，応力

流体に作用する力を分類すると次のように分類できる．

面積力(surface force)：物体(流体)の表面積に比例して作用する力
　　　　　　　　　　　(摩擦力，圧力，粘性応力，等)
体積力(body force)　：物体(流体)の体積に比例して作用する力
　　　　　　　　　　　(重力，浮力，等)

単位面積当たり作用する面積力は応力(stress)と呼ばれ，図 1.6 に示す二つに分類される．

1.3 流体の基礎的な定義   9

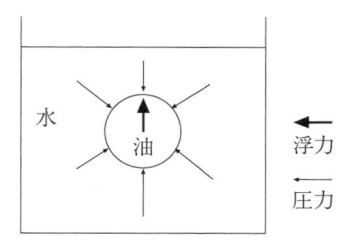

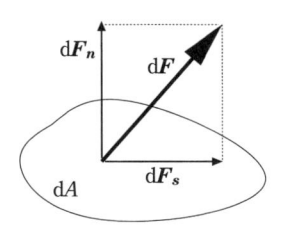

図1.5 面積力と体積力の例

図1.6 応力の定義

面に垂直に作用する応力（垂直応力）　　$\sigma = \dfrac{dF_n}{dA}$　　　　　(1.8)

面に平行に作用する応力（せん断応力）　　$\tau = \dfrac{dF_s}{dA}$　　　　　(1.9)

微小な面積 dA に力 dF が作用している（図1.6，参照）．このとき力は面に垂直な成分 dF_n と，面に平行な成分 dF_s に分解できる．このそれぞれの成分について dA の極限をとった量をそれぞれ垂直応力（normal stress）とせん断応力（shear stress）という．

1.3.5　圧　力

流体の表面に垂直な法線応力を圧力（pressure）と定義する．記号は p を用い，SI単位で [Pa]（パスカル）あるいは [N/m^2] となる．

圧力：

$$p = \dfrac{dF}{dA} \tag{1.10}$$

図1.7 に示す静止した流体ではせん断応力が作用せず，考えている流体の表面に垂直な法線応力のみが作用する．ある流体の微小な面積 dA に作用する力 dF を考えると，dA の極限をとった量が圧力である．

図1.8 に示す流体中に単位幅をもつ三角柱の要素について考える．ここでは二次元的に考え，流体に作用している加速度 a と圧力の釣合いから次式を得

図1.7　圧力の定義　　図1.8　微小要素に作用する圧力

る．

$$
\begin{aligned}
-p_x \mathrm{d}y + p_s \sin\theta \mathrm{d}s &= \rho \frac{\mathrm{d}x \mathrm{d}y}{2} a_x \\
p_y \mathrm{d}x - p_s \cos\theta \mathrm{d}s &= \rho \frac{\mathrm{d}x \mathrm{d}y}{2} a_y
\end{aligned}
\quad (1.11)
$$

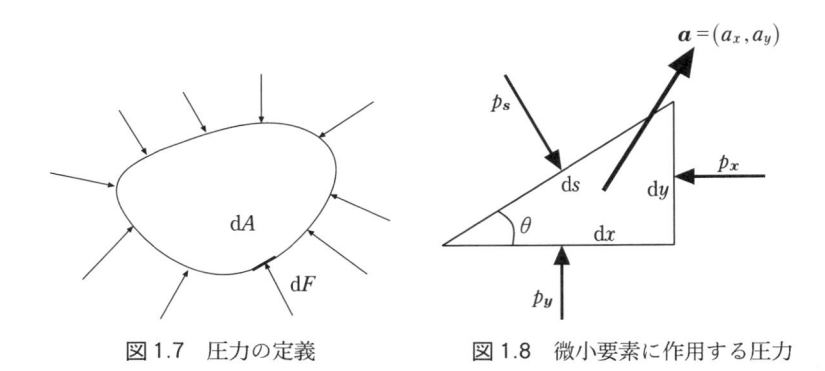

幾何学的な関係，$\mathrm{d}x = \mathrm{d}s\cos\theta$，$\mathrm{d}y = \mathrm{d}s\sin\theta$ から，

$$
\begin{aligned}
-p_x + p_s &= \rho \frac{\mathrm{d}x}{2} a_x \\
p_y - p_s &= \rho \frac{\mathrm{d}y}{2} a_y
\end{aligned}
\quad (1.12)
$$

で，角度 θ を一定にし $\mathrm{d}s$ をゼロに近づけていくと $p_x = p_y = p_s$ となる．したがってある点周りの圧力は方向によらない性質（等方性）をもつ．

1.3.6　粘　性

粘性（viscosity）は流体が変形するときに抵抗する性質で，粘性によりせん断応力が発生する．固体壁上では流体は粘性により付着し，速度は固体壁の速度と一致する．この粘性流体の速度条件は粘着条件，すべりなし条件あるいはノンスリップ条件（non-slip condition）と呼ばれる．

図1.9に示すような平行な板の間の流れを考える．$y=0$ に下壁，$y=b$ に上壁があり，上壁は一定速度 u_b で移動する．また幅 b は十分に小さいとする．

流体がさらさらした状態（粘性がゼロ）であれば，上壁は滑り，平板の間の流体は上壁に引きずられることなく静止したままである．しかし粘性により上壁により流体は引きずられ，十分時間がたった後の状態では速度分布は直線となる．このとき上壁を引きずるのに必要な単位面積当たりの力が粘性によるせん断応力である．せん断応力 τ は実験結果から，せ

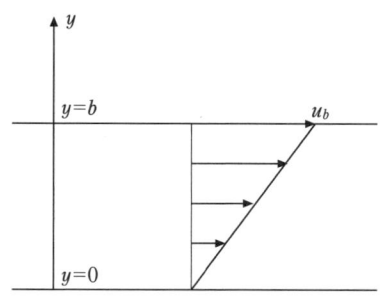

図1.9 平行な板の間の流れ

ん断応力＝比例係数×速度勾配（velocity gradient）の関係が成立する．このせん断応力と速度勾配の関係をニュートン（Newton）の粘性法則という．

ニュートンの粘性法則：

$$\tau = \mu \frac{du}{dy} \tag{1.13}$$

ここで，du/dy は速度勾配を表す．比例係数は粘性係数（coefficient of viscosity）あるいは粘度（viscosity）といい記号は μ を用い，SI単位で [N・s/m^2] あるいは [Pa・s]（パスカル・秒）となる．

　粘性係数が大きいと流体はねばねばとし，逆に小さいとさらさらと感じる．粘性は同じ物質でも温度や圧力により変化する．その傾向は液体と気体の場合で異なる．液体の場合，一般に温度とともに減少し，圧力の増加とともに少し増加する．一方，気体の場合では温度とともに増加し，圧力の増加とともに増加する．この理由は次のように説明される．

　液体の場合，分子の凝集力が強く温度上昇に伴い分子運動の活発化で凝集力が低下し，粘性係数が低下する．一方，気体の場合，分子間の凝集力が小さく温度上昇による分子運動の活発化で分子間衝突が激しくなりその結果，粘性係数が増大する．

　密度に対する粘性係数の比は動粘性係数（kinematic coefficient of viscosity）あるいは動粘度（kinematic viscosity）といい記号は ν を用い，SI単位で [m^2/

s]となる．

$$\nu = \frac{\mu}{\rho} \tag{1.14}$$

動粘性係数は粘性に対する流体の動き易さを表す．温度変化に対する傾向は粘性係数と同様である．気体に比べて密度の大きい液体は動粘性係数が小さくなる．

[例題1-5] せん断応力の算出

平板上の速度分布が $u = by$ であるとき，平板単位面積当たりに働く摩擦応力を求めなさい．ただし，流体の粘性係数を μ，また壁上の位置を $y = 0$ とする．

（解）

速度 u を式 (1.13) に代入すると，

$$\tau = \mu b \tag{1}$$

となる．

1.3.7 熱伝導

いま，図1.10に示す2枚の平行平板間に静止流体が満たされているとする．$y = b$ に上壁，$y = 0$ に下壁があり上，下壁の温度をそれぞれ T_b，T_0 とする．また，幅 b は十分に小さいとする．

十分時間がたった状態では温度分布は直線になる．$T_b > T_0$ であれば，熱は上から下へ移動していく．単位時間，単位面積当たりに移動する熱量 q は温度差 $(T_b - T_0)$ に比例し，幅 b に反比例する．この関係をフーリエ（Fourier）の法則と呼ぶ．

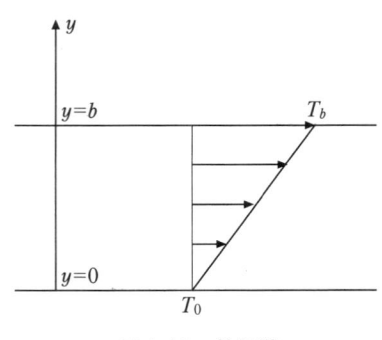

図1.10 熱伝導

フーリエの法則：

$$q = -\lambda \frac{dT}{dy} \tag{1.15}$$

ここで，dT/dy は温度勾配を表す．比例係数は熱伝導率（thermal conductivity）といい記号は λ を用い，SI単位で［W/m・K］となる．

マイナスの符号がついている理由は，熱は温度が高いほうから低い方向へと移動することによる．

［例題 1-6］ 熱伝導による熱量

いま2枚の平行平板間に水が満たされているとする．平板間距離 b は5 mmで，上，下壁の温度差 ΔT が50 Kのとき，この壁を単位時間，単位面積当たりに通過する熱量はいくらか．水の熱伝導率は，$\lambda = 6.0 \times 10^{-5}$［W/m・K］とする．

（解）

式 (1.15) から $q = \lambda \Delta T / b$，$q = 0.6$［W/m^2］となる．

1.4 運動の記述に関する定義

1.4.1 座標系とベクトル

いま，座標系は図1.11に示す直交座標系とする．各座標軸の配置は右手の法則に従う．すなわち，右手を使い親指を x 軸，人差し指を y 軸，中指を z 軸にとる．座標軸周りの回転は右ねじの法則に従い，各軸の方向に対応した回転方向をとる．位置ベクトルは $\boldsymbol{x} = (x, y, z)$，速度ベクトルは $\boldsymbol{u} = (u, v, w)$ と表

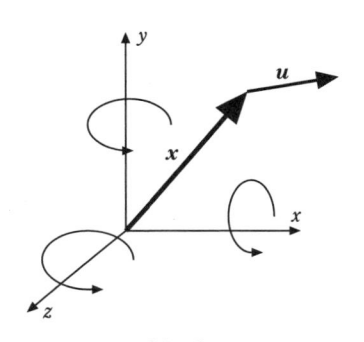

図1.11 座標系とベクトル

す．

1.4.2 運動の視点

流れの運動を考える場合，以下に示す二つの視点で考える（図 1.12，参照）．

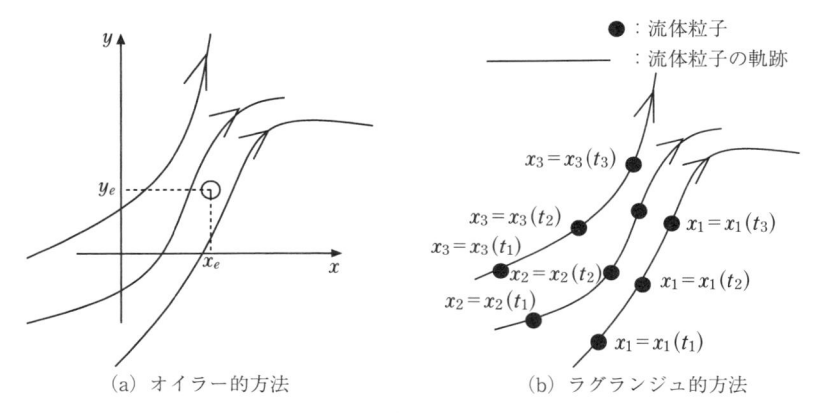

図 1.12 流体運動の視点

オイラー的方法（Eulerian method）：
　空間中の各点，各時刻の流体の状態量 ϕ（流速，圧力，密度）を固定した座標系における位置と時間の関数 $\phi=\phi(\boldsymbol{x},t)$ として記述する．

ラグランジュ的方法（Lagrangian method）：
　流体粒子の位置を時々刻々追跡し，その粒子の最初の位置の関数として記述する．ここで，流体粒子（fluid particle）とは流体と同じように移動する仮想的な粒子のことをいう．

　流れの挙動を正確に捕らえるには，膨大な流体粒子を追跡する必要がある．したがって，ラグランジュ的に個々の流体粒子のすべてを追跡することは困難なのでオイラー的方法で流れ場を考える．
　しかし，流れの中に微小な固体粒子が混ざった流れのような場合には，流体の挙動はオイラー的方法で，固体粒子の運動はラグランジュ的方法で記述する

のが便利である．

1.4.3 実質微分

流体粒子の流れていく方向を s として，物理量 ϕ の微小時間における全微分を考える（図1.13，参照）．すべての変数に関する変化は微小で，テイラー展開で近似すると以下になる．

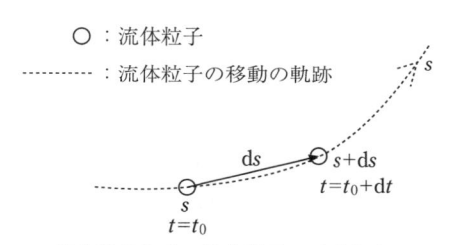

○：流体粒子
---------：流体粒子の移動の軌跡

微少距離 (ds) ＝ 流体粒子の速度 (u_s) × dt

図1.13　流れに沿った物理量の変化

$$\frac{d\phi}{dt} = \frac{\phi(t+dt, s+ds) - \phi(t,s)}{dt} = \frac{\partial \phi}{\partial t} + \frac{ds}{dt}\frac{\partial \phi}{\partial s} \tag{1.16}$$

ϕ は流体粒子とともに移動し，dt 時間後に s の位置から流れの速度 u_s で $s+ds$ へ移動する．ここで，$u_s = ds/dt$ から，

$$\frac{D\phi}{Dt} = \frac{\partial \phi}{\partial t} + u_s\frac{\partial \phi}{\partial s} \tag{1.17}$$

この流体粒子とともに移動して観測される物理量の時間変化を実質微分（substantial differentiation）と呼び，記号は D/Dt を用いる．

三次元の場合には，次のように示される．

実質微分：

$$\frac{D}{Dt} = \frac{\partial}{\partial t} + u\frac{\partial}{\partial x} + v\frac{\partial}{\partial y} + w\frac{\partial}{\partial z} = \frac{\partial}{\partial t} + \boldsymbol{u}\cdot\nabla \tag{1.18}$$

実質微分は空間中の任意の位置を通過する流体粒子の時間変化を表す．例えば，速度の実質微分は流体粒子の加速度になる．

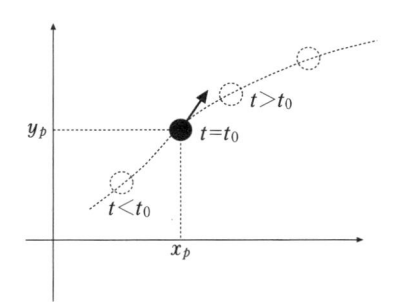

● ：流体粒子（ラグランジュ的に追跡）
・・・・・・・ ：流体粒子の軌跡
↗ ：$\mathrm{D}\boldsymbol{u}/\mathrm{D}t$（加速度）

図1.14 流体粒子の加速度

[例題 1-7] 流体粒子の加速度

流速が $u = ay + bt$, $v = cx$ で表わされるとき，$\boldsymbol{x}_p = (x_p, y_p)$ の位置における流体粒子の加速度 $\boldsymbol{a}$ を示しなさい．

（解）

流体粒子の加速度は速度の実質微分から求められる．

$$\left. \begin{array}{l} \dfrac{\mathrm{D}u}{\mathrm{D}t} = \dfrac{\partial u}{\partial t} + u\dfrac{\partial u}{\partial x} + v\dfrac{\partial u}{\partial y} = b + acx \\[2mm] \dfrac{\mathrm{D}v}{\mathrm{D}t} = \dfrac{\partial v}{\partial t} + u\dfrac{\partial v}{\partial x} + v\dfrac{\partial v}{\partial y} = acy + bct \end{array} \right\} \quad (1)$$

から $\boldsymbol{x}_p$ での加速度 $\boldsymbol{a}$ は，

$$\boldsymbol{a} = (b + acx_p,\ acy_p + bct) \tag{2}$$

1.4.4 流れにおける変形

流れ場では，流体要素が移動しながら剛体運動（rigid-body motion）と変形（deformation）が生じる．図1.15に示すように，剛体運動には並進移動（translation）と回転（rotation）が，変形には膨張/収縮（dilation/contraction）とせん断（shear）がある．並進運動については特に説明する必要もないのでそれ以外の場合について考える．

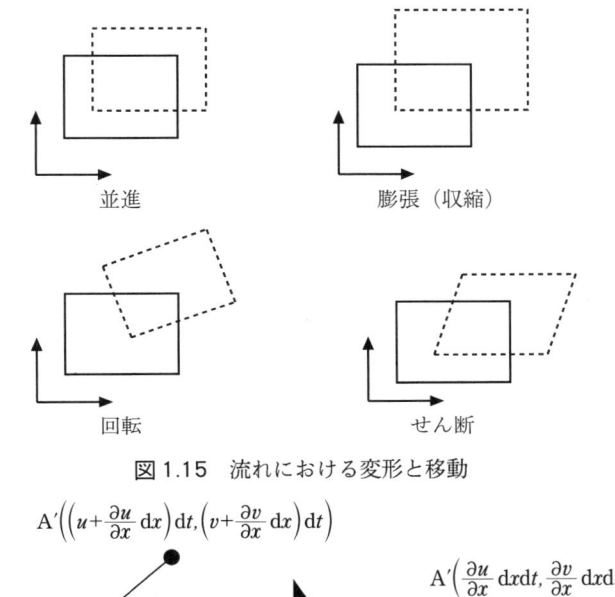

1.4 運動の記述に関する定義

図 1.15 流れにおける変形と移動

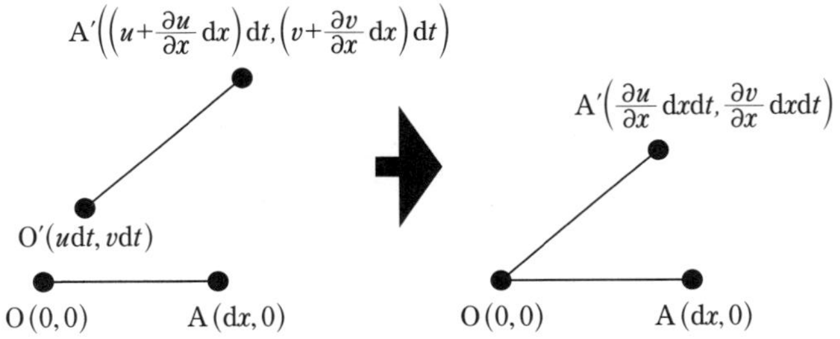

図 1.16 微小要素の変形後と重ね合わせ

図 1.16 に示すように，原点 O=(0,0) は微小時間 dt 後，流れによって O′=(udt, vdt) へ移動するが，ここでは変化後の位置を原点に重ね合わせて考えることにする．例えば dt 後，A 点の速度は $(u+\partial u/\partial x \mathrm{d}x, v+\partial v/\partial x \mathrm{d}x)$ で，dt 後の位置は A′=$[(u+\partial u/\partial x \mathrm{d}x)\mathrm{d}t, (v+\partial v/\partial x \mathrm{d}x)\mathrm{d}t]$，で近似されることになるが，移動後の原点を重ね合わせるので結果的に，A′=$(\partial u/\partial x \mathrm{d}x\mathrm{d}t, \partial v/\partial x \mathrm{d}x\mathrm{d}t)$ となる．以下ではいくつかの変形について考えるが，移動後の座標はこのような原点の補正が行われたもので考える．

（1） 膨張／収縮

図 1.17（a）に示すように A(dx, 0)，B(dx, dy)，C(0, dy) が A′(dx+$\partial u/\partial x$dxdt, 0)，B′(dx+$\partial u/\partial x$dxdt, dy+$\partial v/\partial y$dydt)，C′(0, dy

$+\partial v/\partial y\,dy\,dt)$ へと変形したとする．このとき膨張した量は $(dx+\partial u/\partial x\,dx\,dt)\times(dy+\partial v/\partial y\,dy\,dt)-dx\times dy$ で表されるが，高次の量を無視し単位時間，単位面積当たりの変化量として表すと，

$$\frac{\partial u}{\partial x}+\frac{\partial v}{\partial y}=\mathrm{div}\,\boldsymbol{u} \tag{1.19}$$

これは速度場の発散を示し，膨張/収縮に関係する量となっているのがわかる．なお，三次元の場合は次式で定義される．

$$\frac{\partial u}{\partial x}+\frac{\partial v}{\partial y}+\frac{\partial w}{\partial z}=\mathrm{div}\,\boldsymbol{u} \tag{1.20}$$

（2）せん断

いま，x 方向の速度 u が y 方向にのみ変化する場を考える．この場合，図1.17 (b) のように当初，矩形領域であったものが微小時間 dt 後，A$(dx,0)$，B(dx,dy)，C$(0,dy)$ は A′$(dx,0)$，B′$(dx+\partial u/\partial y\,dy\,dt, dy)$，C′$(\partial u/\partial y\,dy\,dt, dy)$ へと変形する．このように，平行に変形しただけでは面積（三次元の場合は体積）は変化しない．なお，y 方向の速度 v が x 方向にのみ変化する場も同様に考えることができる．したがって二つが同時に作用した状態での変形は $\partial u/\partial y+\partial v/\partial x$ で，せん断による変形に関係する量になる．

三次元の場合について一般的に表示すると次式となる．

$$S_{ij}=\frac{\partial u_i}{\partial x_j}+\frac{\partial u_j}{\partial x_i} \tag{1.21}$$

ここで，添え字は，$i,j=1,2,3$ をとる．座標は $x_1=x$, $x_2=y$, $x_3=z$，速度は $u_1=u$, $u_2=v$, $u_3=w$ に対応させる．

（3）回　転

図1.17 (c) に示す回転の場合を考える．A点では y 方向速度 v が，C点では $-u$ が支配的な流れとなっていると考えられる．したがって，微小時間 dt 後，A$(dx,0)$ は A′$(dx,\partial v/\partial x\,dx\,dt)$ へ，C$(0,dy)$ は C′$(-\partial u/\partial y\,dy\,dt, dy)$ へ移動する．A点での単位時間当たりの回転角速度は微小なので $\theta_1=\overline{\mathrm{AA'}}/dx\,dt=\partial v/\partial x$，C点では $\theta_2=\overline{\mathrm{CC'}}/dy\,dt=-\partial u/\partial y$ と近似できる．これらの結果から，O点周りの平均角速度は $\theta=(\partial v/\partial x-\partial u/\partial y)/2$ となり，回転による変形に関係する量であることがわかる．この場合，二次元場を考え

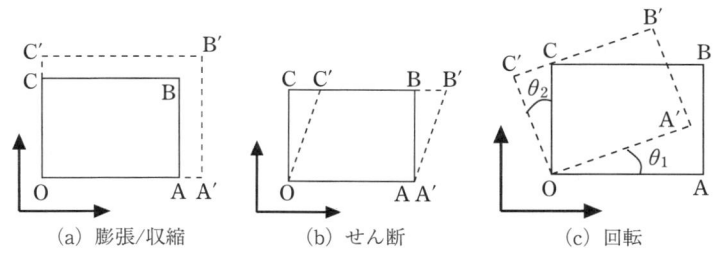

1.4 運動の記述に関する定義　19

(a) 膨張/収縮　　(b) せん断　　(c) 回転

図1.17　微小要素の変形

たので x-y 面上の回転軸は z 軸となるが，他の座標軸周りの回転を考えると回転ベクトル $\boldsymbol{\Omega}$ は，

$$\boldsymbol{\Omega} = \left[\frac{1}{2}\left(\frac{\partial w}{\partial y} - \frac{\partial v}{\partial z}\right), \frac{1}{2}\left(\frac{\partial u}{\partial z} - \frac{\partial w}{\partial x}\right), \frac{1}{2}\left(\frac{\partial v}{\partial x} - \frac{\partial u}{\partial y}\right) \right] \tag{1.22}$$

(4) 渦　度

渦度：
　　回転ベクトルの2倍を渦度（vorticity）と呼び次式で定義する．

$$\omega = \mathrm{rot}\,\boldsymbol{u} = \nabla \times \boldsymbol{u} = \left(\frac{\partial w}{\partial y} - \frac{\partial v}{\partial z}, \frac{\partial u}{\partial z} - \frac{\partial w}{\partial x}, \frac{\partial v}{\partial x} - \frac{\partial u}{\partial y} \right) \tag{1.23}$$

　特に二次元流れの場合の回転は一つの成分だけとなるので，渦度 ω を次式で定義する．

$$\omega = \left(\frac{\partial v}{\partial x} - \frac{\partial u}{\partial y} \right) \tag{1.24}$$

(5) 流れの変形から導かれる重要な定義

　流れ場の全領域において $\mathrm{div}\,\boldsymbol{u} = 0$ となる流れを非圧縮流れ（incompressible flow）といい，流れ場の全領域において $\mathrm{rot}\,\boldsymbol{u} = 0$ となる流れを非回転流れ（irrotational flow）あるいは渦なし流れという．

［例題 1-8］非圧縮非回転の流れ場

　速度が $u = ax$, $v = b$, $w = -az$ で表されるとき，この流れ場は非圧縮で非回

転の流れ場であることを示しなさい．

（解）

非圧縮であるには膨張・収縮が生じない，すなわち $\text{div}\,\boldsymbol{u}=0$ が，また非回転であるには $\boldsymbol{\omega}=0$ が示されればよい．問題の条件を代入すれば，これらの条件が満足されるのがわかる．

1.4.5 粘性応力

応力の定義を，図 1.18 (a) に示す．図中の τ_{ij} の添え字 i は i 軸に垂直な平面上で，添え字の j は j 軸方向を向いている応力を表す．囲まれた領域の外向きの法線方向を正とする．例えば，図 1.18 (b) は x-y 断面の応力の定義を示す．τ_{xx} の場合，右の境界で法線方向は x の正の方向であるが，左の境界で法線方向は x の負の方向なので，左の境界では逆向きとなる．τ_{xy} の向きもこれに従って向きが変わる．いま，紙面に垂直な軸周りの回転モーメントを考えるとその釣合いから $\tau_{xy}=\tau_{yx}$ となるが他の面も同様で，

$$\tau_{xy}=\tau_{yx},\ \tau_{yz}=\tau_{zy},\ \tau_{zx}=\tau_{xz} \tag{1.25}$$

となり三次元の場合，応力の九つの成分のうち，実質上，考えなければならない成分の数は六つとなる．

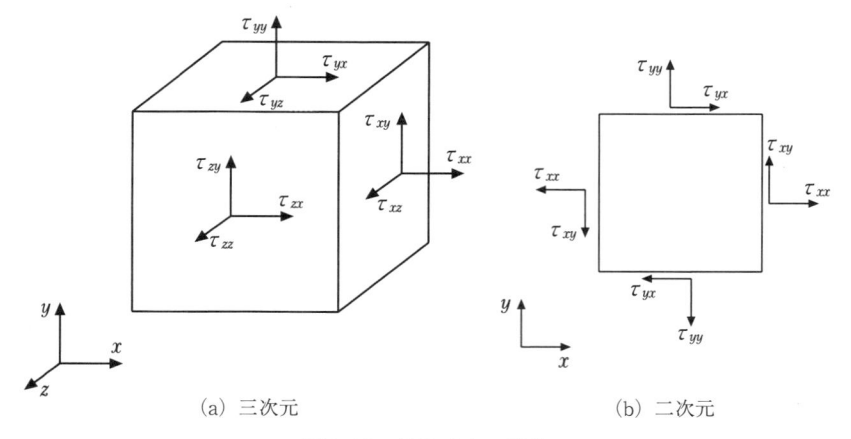

図 1.18　粘性応力の定義

いま，せん断応力 τ が等方的であるとすると以下の式が導かれる．ここで μ, λ はそれぞれ第1および第2粘性係数で，χ は体積粘性率（bulk viscosity, $\chi = \lambda + 2/3\mu$）である．

$$\tau_{ij} = \mu \left(\frac{\partial u_j}{\partial x_i} + \frac{\partial u_i}{\partial x_j} \right) + \left(\chi - \frac{2}{3}\mu \right) \mathrm{div}\, \boldsymbol{u}\, \delta_{ij} \tag{1.26}$$

$$\delta_{ij} = \begin{cases} 1, & i = j \\ 0, & i \neq j \end{cases} \tag{1.27}$$

ここで，δ_{ij} はクロネッカーのデルタ（Kronecker Delta）を表し，添え字 i, j が等しいときに1，それ以外は0となる関数である．

また，$i, j = 1, 2, 3$ をとり座標は $x_1 = x, x_2 = y, x_3 = z$，速度は $u_1 = u$, $u_2 = v$, $u_3 = w$，また応力は $\tau_{11} = \tau_{xx}, \tau_{12} = \tau_{xy}, \tau_{13} = \tau_{xz}, \tau_{21} = \tau_{yx}, \tau_{22} = \tau_{yy}$, $\tau_{23} = \tau_{yz}, \tau_{31} = \tau_{zx}, \tau_{32} = \tau_{zy}, \tau_{33} = \tau_{zz}$ と対応させる．

ストークスの仮定 $[\chi = 0, \lambda = (-2/3)\mu]$ が成立すると，

$$\tau_{ij} = \mu \left(\frac{\partial u_j}{\partial x_i} + \frac{\partial u_i}{\partial x_j} \right) - \frac{2}{3}\mu \delta_{ij} \mathrm{div}\, \boldsymbol{u} \tag{1.28}$$

が得られ，μ の値を実験的に求めれば，これらの関係式を決定することができる．このように，応力がひずみ速度の一次式として表せる流体をニュートン流体と呼び，水や空気がこれにあてはまる．

（注）応力がひずみ速度の一次式では表せないような流体は非ニュートン流体と呼ばれる．非ニュートン流体の例として，純粘性流体（ビンガム流体，擬塑性流体，ダイラント流体），塑性流体，粘弾性流体がある．純粘性流体は図1.19に示すように応力とひずみがある一定の関係を示すが，粘弾流体などでは弾性の効果のため，ひずみと応力の関係式はより複雑になる．

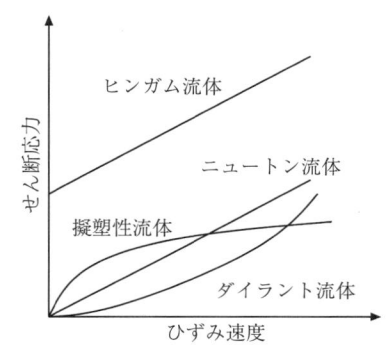

図1.19 純粘性流体

[例題1-9] せん断応力の算出

速度が $u=ay$, $v=bxy$, $w=-bxz$ で表される流れ場がある．粘性係数を μ として，$y=0$ の x-z 平面に作用するせん断応力を求めなさい．

(解)

x-z 面に作用する応力は $\tau_{yx}, \tau_{yz}, \tau_{yy}$ である．この流れ場では，

$$\frac{\partial u}{\partial x}+\frac{\partial v}{\partial y}+\frac{\partial w}{\partial z}=\mathrm{div}\,\boldsymbol{u}=0 \tag{1}$$

が成立するので，式 (1.28) から $y=0$ での応力は，

$$\tau_{yx}=\mu a,\ \tau_{yz}=0,\ \tau_{yy}=2\mu bx \tag{2}$$

1.5 流れの動力学

1.5.1 定常流れと非定常流れ

一般に，流れの速度 $\boldsymbol{u}=\boldsymbol{u}(\boldsymbol{x},t)$ は場所と時間の関数で表される．時間の関数ではなく場所だけの関数として表される流れ $\boldsymbol{u}=\boldsymbol{u}(\boldsymbol{x})$ は定常流れ (steady flow)，時間とともに変化する流れは非定常流れ (unsteady flow) と呼ばれる．流れを考えるとき，数学的な厳密さとは別に，定常流れと見なされる場合も多い．例えば，水道の栓から出る水を詳細に観察すれば，揺らいでおり非定常な流れであるが，全体の流れは時間的に大きく変化しない．流れを時間的に平均し，瞬時の流れと時間平均流れとのずれがそれほど大きくなければ定常流れと仮定することができる．

1.5.2 流線，流管，流脈線，流跡線

流れの様子を知るために，流体粒子の移動に基づき定義されるいくつかの量について示す．

(1) 流線と流管

図 1.20 (a) に示すように，ある瞬間に流れの中に1本の線を引き，その線上のあらゆる点における接線が流れの速度の方向を示すとき，その線を流線 (stream line) といい次式で定義される．

流線：
$$\frac{dx}{u} = \frac{dy}{v} \left(三次元では \frac{dx}{u} = \frac{dy}{v} = \frac{dz}{w} \right) \tag{1.29}$$

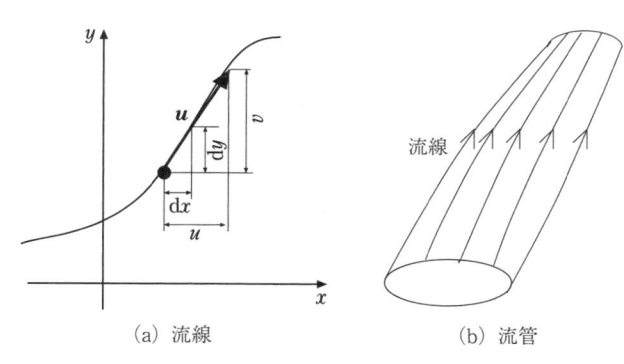

(a) 流線　　(b) 流管

図 1.20　流線と流管

流線の特徴：
(i) 流線はその各点で流れの方向と一致するように引いた線なので流体は流線を横切り移動しない．
(ii) 定常流れでは，流体粒子の移動する軌跡〔流跡線，1.5.2 項 (2)，参照〕は流線と一致する．

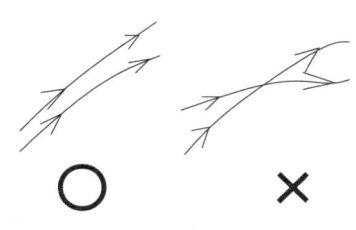

図 1.21　流線の特徴

　流線が束になり管のようになったものを流管（stream tube）という．流れの挙動を支配する方程式を導出する場合，種々の物理量の出入りや平衡を考えるが，流管は流線と比べ断面積があるので有効な概念になる．

[例題 1-10] 三次元流線
　三次元の場合の流線を定義する式を導出しなさい．

(解)

図 1.22 より，流線の定義から，流線上の微小長さ $d\boldsymbol{s}(dx, dy, dz)$ と速度ベクトル $\boldsymbol{u}=(u, v, w)$ は同じ方向をとる．

$$\boldsymbol{u} = k\, d\boldsymbol{s}$$

整理すると

$$\frac{dx}{u} = \frac{dy}{v} = \frac{dz}{w}$$

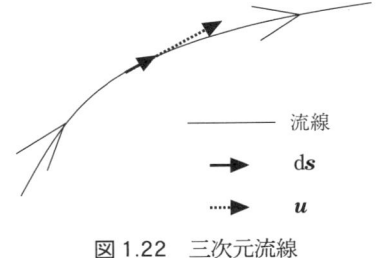

図 1.22　三次元流線

(2) 流跡線と流脈線

流線は流れの速度がわかれば定義できるが，流れの中の瞬間ごとの速度ベクトルを知らなければならない．流れの詳細な情報を知らなくとも流れの可視化結果から簡単に定義できる量も必要である．

流跡線：

流体粒子が流れていくときの軌跡を流跡線（path line）という．流跡線は流体粒子の位置を $\boldsymbol{X}=(X, Y, Z)$ とするとき，次式を時間積分して定義される．

$$\frac{dX}{dt} = u, \quad \frac{dY}{dt} = v, \quad \frac{dZ}{dt} = w \tag{1.30}$$

流れ場のある位置を通り過ぎるすべての流体粒子を追跡した際にできる軌跡を流脈線（streak line）という．

例えば，図 1.23 に示すように，線香の煙粒の軌跡は流脈線で，風船の動きを追跡した結果は流跡線である．定常流れでは，流線，流跡線，流脈線はすべて一致する軌跡をとる．

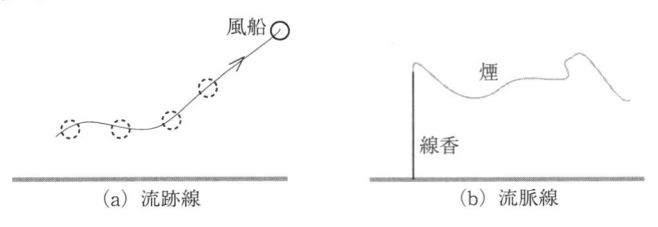

図 1.23　流跡線と流脈線

1.5.3 渦（強制渦，自由渦，ランキン渦）
（1）渦運動における力の釣合い

図 1.24 に示すように原点 O を中心に回転運動している流れを考える．流れは定常状態にあるとする．

半径 r の位置での微小要素に作用する力の釣合いは次式になる．

$$(p+\mathrm{d}p)(r+\mathrm{d}r)\mathrm{d}\theta$$

$$-pr\mathrm{d}\theta - 2\left(p+\frac{\mathrm{d}p}{2}\right)\mathrm{d}r\sin\left(\frac{\mathrm{d}\theta}{2}\right)$$

$$=r\mathrm{d}p\mathrm{d}\theta \quad \because \left[\sin\left(\frac{\mathrm{d}\theta}{2}\right)\approx\frac{\mathrm{d}\theta}{2}\right] \tag{1.31}$$

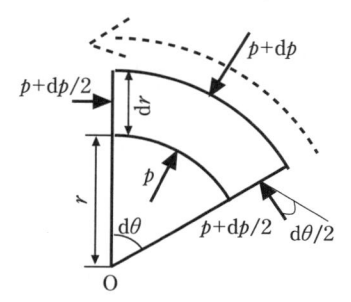

図 1.24 渦運動での力の釣合い

微小領域に作用する遠心力は流体の円周速度を u_θ とすると，

$$\rho\left(r+\frac{\mathrm{d}r}{2}\right)\mathrm{d}r\mathrm{d}\theta\frac{u_\theta^2}{r}=\rho u_\theta^2 \mathrm{d}r\mathrm{d}\theta \tag{1.32}$$

式（1.31）と式（1.32）の力の釣合いから次式を得る．

$$\frac{\mathrm{d}p}{\mathrm{d}r}=\rho\frac{u_\theta^2}{r} \tag{1.33}$$

（2）強制渦

図 1.25 に示すように円周速度 u_θ が半径 r に比例する渦を強制渦（forced vortex）という．

強制渦の速度：

$$u_\theta = r\Omega \quad (\Omega：角速度) \tag{1.34}$$

式（1.33）に速度 u_θ を代入し積分すると，

$$p=\frac{\rho}{2}r^2\Omega^2+p_0 \tag{1.35}$$

ここで，p_0 は渦の中心（$r=0$）での圧力である．

式 (1.35) から渦の中心部分は渦周囲よりも低圧になるのがわかる．

ここで，渦度 ω を求める．円筒座標系では次式で与えられ速度分布を代入すると，

$$\omega = \frac{1}{r}\frac{\partial u_r}{\partial \theta} + \frac{\partial u_\theta}{\partial r} + \frac{u_\theta}{r} = 2\Omega \quad (1.36)$$

これより強制渦では流れ場の全域で渦度 2Ω で剛体回転しているのがわかる．

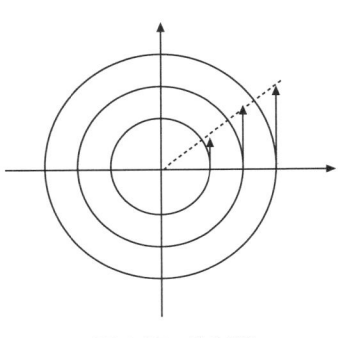

図 1.25 強制渦

（3）自由渦

図 1.26 に示すように，円周速度 u_θ が半径 r に反比例する渦を自由渦（free vortex）という．

自由渦の速度

$$u_\theta = \frac{k}{r} \quad (k：比例定数) \tag{1.37}$$

式 (1.33) に速度 u_θ を代入し積分すると，

$$p = -\frac{\rho k^2}{2r^2} + p_\infty \tag{1.38}$$

ここで，p_∞ は渦から十分遠方での圧力である．

自由渦の中心では速度と圧力が無限大となるのがわかる．いま，自由渦の任意の半径位置における周速度の積分値（循環）Γ（2.2 節，参照）を計算すると，

$$\Gamma = 2\pi r u_\theta = 2\pi k = \text{const} \tag{1.39}$$

半径によらず Γ は一定値をもつ．

ここで，渦度を計算すると

$$\omega = \frac{1}{r}\frac{\partial u_r}{\partial \theta} + \frac{\partial u_\theta}{\partial r} + \frac{u_\theta}{r} = 0 \tag{1.40}$$

この渦は円運動をしているが流体粒子は非回転の運動をしており，渦度がゼ

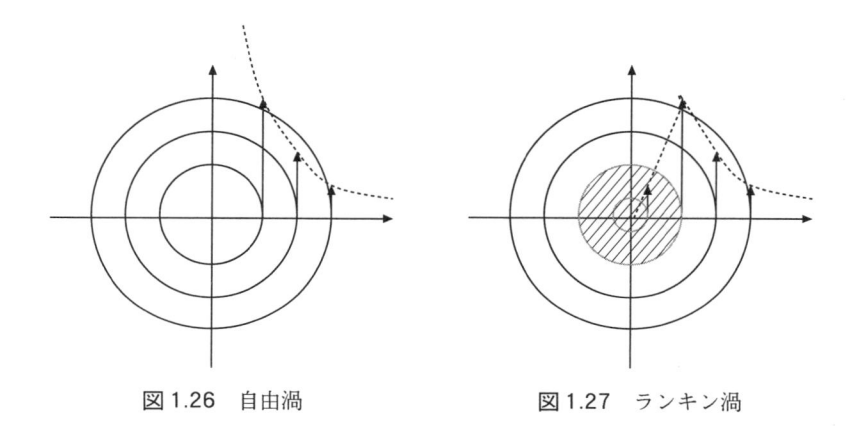

図 1.26　自由渦　　　　　　　図 1.27　ランキン渦

ロである．

（4）ランキン渦（組合せ渦）

図 1.27 に示す渦中心付近が強制渦で，外側が自由渦となる組合せ渦をランキン渦（Rankine's compound vortex）という．

1.6　基礎方程式の導出

　質点の力学では，運動量保存則やエネルギー保存則が成立する．流体の運動も多数の流体粒子の運動であると考えれば，必要とされる考え方は同様である．質点の場合とは異なり，多数の流体粒子の運動を想定すると，質量保存則も考える必要がある．本節では保存法則に基づき流体を支配する方程式（質量保存式，運動方程式およびエネルギー保存式）を導く．

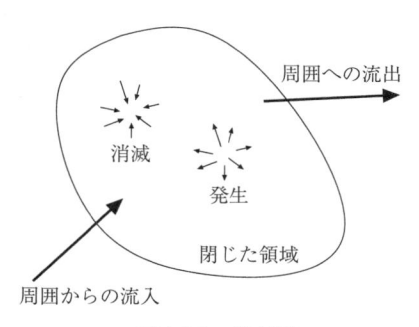

図 1.28　保存則

1.6.1 保存法則

いま，流体中に任意の閉領域を考える．そこで生じた変化はその領域から周囲への出入りやそこでの発生・消滅と釣り合うこと，すなわち閉じた領域において物理量は保存されなければならない．これを保存法則（conservation law）と呼ぶ．これに基づき，質量，運動量およびエネルギーに関する保存方程式（conservation equation）を構築，導出する．

保存則：ある時間の（閉じた領域での変化）
　　　　＝（閉じた領域に周囲から流入する量）
　　　　－（閉じた領域から周囲へ流出する量）
　　　　＋（閉じた領域におけるある量の発生・消滅）

1.6.2 質量保存式（連続の式）

質量の保存を支配する方程式を，質量保存式（mass conservation equation）あるいは連続の式（continuity equation）という．

質量保存式：

$$\frac{D\rho}{Dt} = -\rho \nabla \cdot \boldsymbol{u} = -\rho \, \mathrm{div}\, \boldsymbol{u} \tag{1.41}$$

ここで，D/Dt は実質微分，ρ は密度，$\boldsymbol{u}$ は速度である．

式（1.41）の右辺は，流れに乗って変化する量である実質微分を表している．1.4.4項（5）で示した体積膨張のない非圧縮流れでは $\mathrm{div}\,\boldsymbol{u}=0$ である．このとき，式（1.41）から $D\rho/Dt=0$ になる．すなわち，流れに乗って移動した密度の変化はゼロである．非圧縮流れでは流れ場のいたるところで密度が一定あることを意味するのではないことに注意を要す．

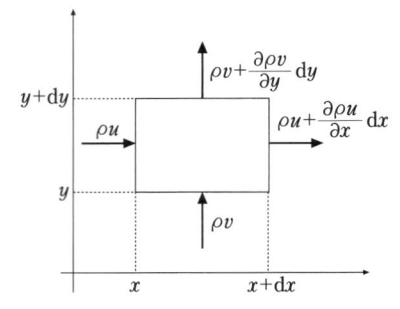

図 1.29　微小領域での質量保存

式 (1.41) の導出：

図 1.29 に示す z 軸方向（紙面に垂直方向）に単位幅を持つ微小領域 $dxdy$ の保存則を考える．微小領域に発生・消滅がなければ，微小時間 dt 間に保存則を適用すると，

[(a) 微小領域の質量の時間変化] ＝ [(b) 微小領域へ流入/流出する質量]

が成立する．

いま，[(a) 微小時間 dt 間の微小領域 $dxdy$ の質量の時間変化] を時間についてテイラー展開するとそれは次式で近似される．

$$\left[\left(\rho+\frac{\partial \rho}{\partial t}dt\right)-\rho\right]dxdy=\frac{\partial \rho}{\partial t}dxdydt \tag{1.42}$$

また，[(b) 微小時間 dt 間に流れにより出入りする質量] は，

(密度)×(領域を出入りする体積)＝(密度)×(速度× dt ×周囲の断面積)

より，$x+dx, y+dy$ の位置でテイラー展開すると面を通過する質量は，

$$\begin{aligned}
\text{(微小領域への流入出)} &= \rho u\, dy\, dt \quad\quad -\left(\rho u+\frac{\partial \rho u}{\partial x}dx\right)dy\, dt \\
&\quad\text{(左方からの流入)}\quad\quad\text{(右方への流出)} \\
&\quad +\rho v\, dx\, dt \quad\quad -\left(\rho v+\frac{\partial \rho v}{\partial y}dy\right)dx\, dt \\
&\quad\text{(下方からの流入)}\quad\quad\text{(上方への流出)} \\
&= -\left(\frac{\partial \rho u}{\partial x}+\frac{\partial \rho v}{\partial y}\right)dx\, dy\, dt
\end{aligned} \tag{1.43}$$

(a) ＝ (b) より，

$$\frac{\partial \rho}{\partial t}=-\left(\frac{\partial \rho u}{\partial x}+\frac{\partial \rho v}{\partial y}\right)=-\nabla\cdot\rho\boldsymbol{u}=\operatorname{div}(\rho\boldsymbol{u})=-\rho\operatorname{div}\boldsymbol{u}-\boldsymbol{u}\cdot\nabla\rho \tag{1.44}$$

実質微分 $D/Dt=\partial/\partial t+\boldsymbol{u}\cdot\nabla$ を用いて表すと，

$$\frac{D\rho}{Dt}=-\rho\operatorname{div}\boldsymbol{u} \tag{1.41}$$

(注) ここでは，二次元の場合について導いたが，ベクトル表示する演算記号は二次元も三次元も意味する内容は同様であるので区別せずに用いる．

[例題 1-11] 質量保存則の導出

固定されている任意の領域を V，その領域を取り囲む閉曲面を S としてその領域での質量保存式を導きなさい．

（解）

領域 V における単位時間当たりの質量の変化は，

$$\frac{d}{dt}\int_V \rho \, dV \tag{1}$$

単位時間当たりに表面 S を出入りする質量は閉曲面の外向き法線ベクトルを $\boldsymbol{n}$ とすると，

$$-\int_S \rho \boldsymbol{u}\cdot\boldsymbol{n}\, dS \tag{2}$$

と釣り合わなければならない（領域への流入を正とするので負の符号がつく）．

$$\frac{d}{dt}\int_V \rho \, dV = -\int_S \rho \boldsymbol{u}\cdot\boldsymbol{n}\, dS \tag{3}$$

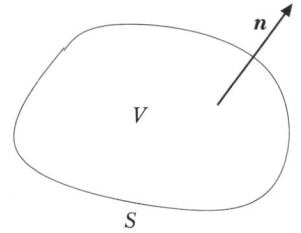

図1.30　領域 V での質量保存

発散定理より，

$$\int_S \rho \boldsymbol{u}\cdot\boldsymbol{n}\, dS = \int_V \mathrm{div}(\rho \boldsymbol{u})\, dV \tag{4}$$

$$\int_V \left[\frac{\partial \rho}{\partial t} + \mathrm{div}(\rho \boldsymbol{u})\right] dV = 0 \tag{5}$$

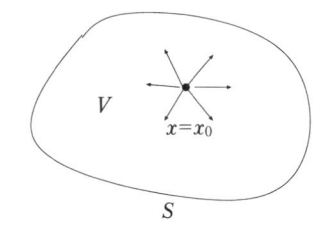

図1.31　湧出しのある場合の質量保存

いま，領域 V は任意なので，

$$\frac{\partial \rho}{\partial t} + \mathrm{div}(\rho \boldsymbol{u}) = 0 \tag{6}$$

変形すると，

$$\frac{D\rho}{Dt} = -\rho \, \mathrm{div}\, \boldsymbol{u} \tag{7}$$

[例題 1-12] 湧出しのある場合の質量保存則

固定されている任意の領域 V において $\boldsymbol{x}=\boldsymbol{x}_0$ に単位時間当たり q_s の質量の

湧出しが生じたとする．質量保存式はどうなるか．
(解)

領域 V で単位時間当たりの湧出し量はデルタ関数 $\delta(\boldsymbol{x}-\boldsymbol{x}_0)$ を用いて，

$$\int_V q_s \delta(\boldsymbol{x}-\boldsymbol{x}_0) \mathrm{d}V \tag{1}$$

で表される．例題 [1-11] に発生項として付け加えると，

$$\frac{\mathrm{D}\rho}{\mathrm{D}t} = -\rho \operatorname{div}\boldsymbol{u} + q_s \delta(\boldsymbol{x}-\boldsymbol{x}_0) \tag{2}$$

1.6.3 運動量保存式（運動方程式）

流れの運動を支配する方程式は運動量保存則（momentum conservation equation）あるいは運動方程式（equation of motion）という．

運動量保存式：

$$\rho \frac{\mathrm{D}\boldsymbol{u}}{\mathrm{D}t} = -\nabla p + \nabla \cdot \boldsymbol{\tau} + p\boldsymbol{f} \tag{1.45}$$

ここで，$\mathrm{D}/\mathrm{D}t$ は実質微分，p は圧力，$\boldsymbol{\tau}$ は粘性応力，$\boldsymbol{f}$ は外力である．

上式の左辺は加速度を，右辺は順に，圧力，粘性応力，外力により流れが加速・減速されることを表す．

式 (1.45) の導出：

図 1.32 に示すように，z 軸方向（紙面に垂直方向）に単位幅をもつ微小領域 $\mathrm{d}x\mathrm{d}y$ について保存則を考える．微小時間 $\mathrm{d}t$ 間に保存則を適用すると

[(a) 微小領域の運動量の時間変化]
= [(b) 微小領域へ流入/流出する運動量] + [(c) 面積力による運動量の変化] + [(d) 体積力による運動量の変化]

が成りたつ．

考慮すべき運動量の変化による力の作用は，質点の力学における運動量の法則と同様で流れについても成立する．すなわち，

[運動量（質量×速度）の変化] = [力積（力×時間）]

前記の (a)～(d) はそれぞれ以下のように表される．

(a) 微小時間 dt 間の x 方向の運動量変化

$$\left[\left(\rho u + \frac{\partial \rho u}{\partial t} dt\right) - \rho u\right] dx dy = \frac{\partial \rho u}{\partial t} dx dy dt \tag{1.46}$$

(b) 微小時間 dt 間に x 方向に流入/流出する運動量

（速度）×（密度）×（出入りする体積）=（速度）×（密度）×
　　　　　［（速度）× dt ×周囲の断面積）］

図 1.32 のように物理量を近似すると，

$$\begin{aligned}
(\text{微小領域の流入出}) &= \rho u u \, dy \, dt - \left(\rho u u + \frac{\partial \rho u u}{\partial x} dx\right) dy \, dt \\
&\quad (\text{左方からの流入}) \quad (\text{右方への流出}) \\
&\quad + \rho u v \, dx \, dt - \left(\rho u v + \frac{\partial \rho u v}{\partial y} dy\right) dx \, dt \\
&\quad (\text{下方からの流入}) \quad (\text{上方への流出}) \\
&= -\left(\frac{\partial \rho u u}{\partial x} + \frac{\partial \rho u v}{\partial y}\right) dx \, dy \, dt
\end{aligned} \tag{1.47}$$

(c) 微小時間 dt 間に作用する面積力（圧力・粘性応力）による x 方向の運動量変化（図 1.33，参照）

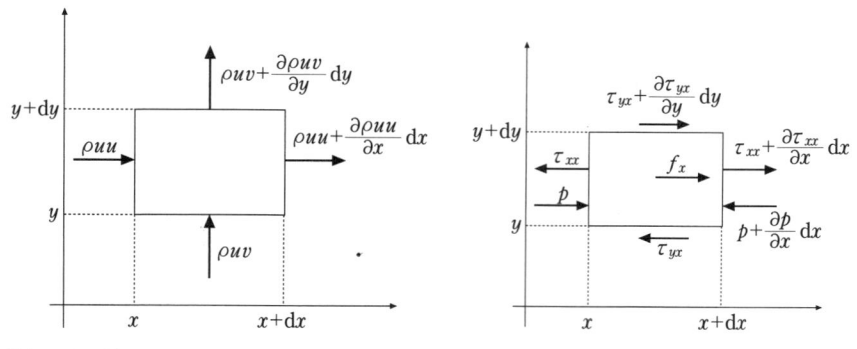

図 1.32　流れによる x 方向の運動量の流入・流出

図 1.33　応力,外力による x 方向の運動量の変化

(運動量の変化) = [力 (断面積×面積力)] × dt

(面積力による運動量の変化) =

$$
\left.\begin{array}{l}
\quad p\,\mathrm{d}y\,\mathrm{d}t \quad\quad -\left(p+\dfrac{\partial p}{\partial x}\mathrm{d}x\right)\mathrm{d}y\,\mathrm{d}t \\
\text{(左方の圧力)} \quad\quad \text{(右方の圧力)} \\[4pt]
-\tau_{xx}\mathrm{d}y\,\mathrm{d}t \quad +\left(\tau_{xx}+\dfrac{\partial \tau_{xx}}{\partial x}\mathrm{d}x\right)\mathrm{d}y\,\mathrm{d}t \\
\text{(左方の粘性力)} \quad \text{(右方の粘性力)} \\[4pt]
-\tau_{yx}\mathrm{d}x\,\mathrm{d}t \quad +\left(\tau_{yx}+\dfrac{\partial \tau_{yx}}{\partial y}\mathrm{d}y\right)\mathrm{d}x\,\mathrm{d}t \\
\text{(下方の粘性力)} \quad \text{(上方の粘性力)} \\[4pt]
=\left(-\dfrac{\partial p}{\partial x}+\dfrac{\partial \tau_{xx}}{\partial x}+\dfrac{\partial \tau_{yx}}{\partial y}\right)\mathrm{d}x\,\mathrm{d}y\,\mathrm{d}t
\end{array}\right\} \quad (1.48)
$$

(d) 微小時間 dt に作用する外力 (体積力) による x 方向の運動量変化

(運動量の変化) = [力 (密度×体積×体積力)] × dt

(外力による運動量の変化) = $\rho f_x \mathrm{d}x\mathrm{d}y\mathrm{d}t$ (1.49)

いま,先にも述べたように (a) = (b) + (c) + (d) なので式 (1.46)〜(1.49) を用いると,

$$\frac{\partial \rho u}{\partial t}=-\frac{\partial \rho u u}{\partial x}-\frac{\partial \rho u v}{\partial y}-\frac{\partial p}{\partial x}+\frac{\partial \tau_{xx}}{\partial x}+\frac{\partial \tau_{yx}}{\partial y}+\rho f_x \qquad (1.50)$$

同様に y 方向の運動量について考えると,

$$\frac{\partial \rho v}{\partial t}=-\frac{\partial \rho u v}{\partial x}-\frac{\partial \rho v v}{\partial y}-\frac{\partial p}{\partial y}+\frac{\partial \tau_{xy}}{\partial x}+\frac{\partial \tau_{yy}}{\partial y}+\rho f_y \qquad (1.51)$$

これらをまとめベクトル記号を用いて表示すると,

$$\frac{\partial \rho \boldsymbol{u}}{\partial t}=-\nabla\cdot(\rho \boldsymbol{u}\boldsymbol{u})-\nabla p+\nabla\cdot\boldsymbol{\tau}+\rho \boldsymbol{f} \qquad (1.52)$$

ここで,

$$\nabla\cdot(\rho \boldsymbol{u}\boldsymbol{u})=\boldsymbol{u}\cdot\nabla(\rho \boldsymbol{u})+\rho \boldsymbol{u}\nabla \boldsymbol{u} \qquad (1.53)$$

$$\frac{\partial \rho \boldsymbol{u}}{\partial t} = \rho \frac{\partial \boldsymbol{u}}{\partial t} + \boldsymbol{u} \frac{\partial \rho}{\partial t} \tag{1.54}$$

の関係と質量保存式および実質微分を用いると式 (1.45) が導かれる.

特に粘性係数が一定値である場合，次の運動方程式が有名である.

ナビエ・ストークス (Navier-Stokes) の運動方程式：

$$\rho \frac{\mathrm{D}\boldsymbol{u}}{\mathrm{D}t} = -\nabla p + \mu \nabla^2 \boldsymbol{u} + \frac{1}{3}\mu \nabla (\mathrm{div}\,\boldsymbol{u}) + \rho \boldsymbol{f} \tag{1.55}$$

式 (1.55) の導出：

ニュートン流体であれば粘性応力は次式で与えられ ($\chi=0$ とした)

$$\tau_{ij} = \mu \left(\frac{\partial u_j}{\partial x_i} + \frac{\partial u_i}{\partial x_j} \right) - \frac{2}{3}\mu \delta_{ij} \mathrm{div}\,\boldsymbol{u} \tag{1.28}$$

μ を一定値とすると,

$$\nabla \cdot \boldsymbol{\tau} = \mu \nabla^2 \boldsymbol{u} + \frac{1}{3}\mu \nabla (\mathrm{div}\,\boldsymbol{u}) \tag{1.56}$$

式 (1.56) を式 (1.45) に代入すると式 (1.55) を得る.

[例題 1-13] 非圧縮流れの運動方程式の導出

ニュートン流体でかつ粘性係数が一定の非圧縮流れ場の運動量保存式（運動方程式）を示しなさい.

(解)

非圧縮流れなので $\mathrm{div}\,\boldsymbol{u}=0$ となり式 (1.55) から,

$$\rho \frac{\mathrm{D}\boldsymbol{u}}{\mathrm{D}t} = -\nabla p + \mu \nabla^2 \boldsymbol{u} + \rho \boldsymbol{f} \tag{1}$$

これも，ナビエ・ストークス (Navier-Stokes) の運動方程式と呼ばれる.

1.6.4 エネルギー保存式

摩擦によって運動エネルギーは熱に変換されたり，気体では膨張・収縮により運動エネルギーと内部エネルギーの交換が行われたりする．これらの問題を

取り扱う場合,エネルギー保存式 (energy conservation equation) が必要となる.単位体積当たりの全エネルギーは力学的エネルギー $[\rho K = (1/2)\rho \boldsymbol{u}\cdot\boldsymbol{u}]$ と内部エネルギー (ρe) との和で与えられる.e は単位質量当たりの内部エネルギーを示す.

ここで,力学的エネルギーとは流体がもつ運動エネルギーや位置エネルギーのことをいう.内部エネルギーとは流体がもつ運動エネルギーや位置エネルギーとは別に原子や分子の熱運動の運動エネルギーや分子間力によるエネルギーのように物質内部で分子・原子がもっているエネルギーのことをいう.

エネルギー保存式:

$$\rho \frac{D(e+K)}{Dt} = -(\nabla\cdot\boldsymbol{q}) + \rho(\boldsymbol{f}\cdot\boldsymbol{u}) - \nabla\cdot p\boldsymbol{u} + \nabla\cdot(\tau\cdot\boldsymbol{u}) \qquad (1.57)$$

ここで,D/Dt は実質微分,$\boldsymbol{q}$ は熱伝導による熱流束,p は圧力,$\boldsymbol{f}$ は外力,τ は粘性応力である.

左辺は,流れに乗って変化するエネルギーの時間変化を示している.右辺はそれぞれ熱伝導,体積力,圧力,粘性応力によるエネルギーの変化を表している.

式 (1.57) の導出:

図 1.34 に示すように z 軸方向(紙面に垂直方向)に単位幅をもつ微小領域 $dxdy$ における全エネルギーの保存則を考える.

微小時間 dt 間に保存則を適用すると,

　　[(a) 微小領域の全エネルギーの時間変化] =

　　　　　　[(b) 微小領域へ流入/流出する全エネルギー]

　　　　　　+ [(c) 熱伝導による内部エネルギーの変化]

　　　　　　+ [(d) 外力(体積力)によるエネルギーの変化]

　　　　　　+ [(e) 圧力によるエネルギーの変化]

　　　　　　+ [(f) 粘性応力によるエネルギーの変化]

質点の力学と同様にエネルギー保存則は流体の場合にも成立する.

　　(エネルギーの変化) = (行われた仕事)

(a) 微小時間 dt 間のエネルギーの変化

次式で近似される（テイラー展開）

$$\left[\left(\rho(e+K)+\frac{\partial\rho(e+K)}{\partial t}dt\right)-\rho(e+K)\right]dxdy = \frac{\partial\rho(e+K)}{\partial t}dxdydt \tag{1.58}$$

(b) 微小時間 dt 間に流入/流出する全エネルギー（図1.34，参照）

境界面を通過するエネルギーの流入/流出は前節までと同様，

$$\begin{aligned}
(\text{微小領域の流入出}) &= \rho(e+K)u\,dy\,dt \\
&\quad (\text{左方からの流入}) \\
&\quad -\left[\rho(e+K)u + \frac{\partial\rho(e+K)u}{\partial x}dx\right]dy\,dt \\
&\quad (\text{右方への流出}) \\
&\quad +\rho(e+K)v\,dx\,dt \\
&\quad (\text{下方からの流入}) \\
&\quad -\left[\rho(e+K)v + \frac{\partial\rho(e+K)v}{\partial y}dy\right]dx\,dt \\
&\quad (\text{上方への流出}) \\
&= -\left[\frac{\partial\rho(e+K)u}{\partial x} + \frac{\partial\rho(e+K)v}{\partial y}\right]dx\,dy\,dt
\end{aligned} \tag{1.59}$$

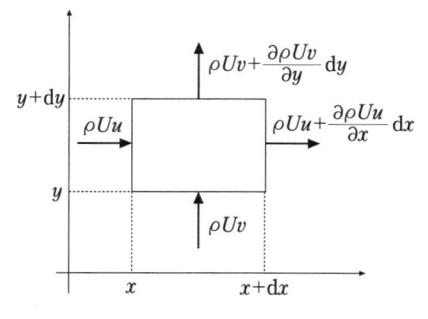

図1.34 流れによる全エネルギー ($U=e+K$) の流入・流出

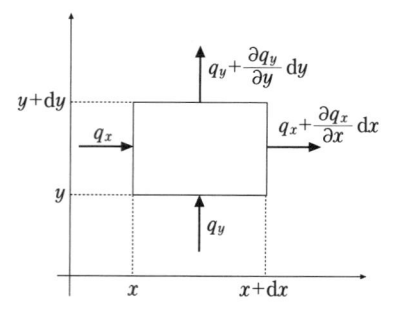

図1.35 微小領域での熱伝導による熱の流入・流出

1.6 基礎方程式の導出

(c) 微小時間 dt 間の熱伝導による境界面からの熱の流入/流出

熱伝導による熱流束を $\boldsymbol{q}=(q_x, q_y)$ とすると(図 1.35, 参照),

$$
\begin{aligned}
q_x \, dy \, dt &- \left(q_x + \frac{\partial q_x}{\partial x} dx\right) dy \, dt + q_y \, dx \, dt \\
&- \left(q_y + \frac{\partial q_y}{\partial y} dy\right) dx \, dt = -\left(\frac{\partial q_x}{\partial x} + \frac{\partial q_y}{\partial y}\right) dx \, dy \, dt
\end{aligned}
\quad (1.60)
$$

(d) 微小時間 dt 間に外力により行われる仕事:

$$
\rho f_x \, dx \, dy \cdot u \, dt + \rho f_y \, dx \, dy \cdot v \, dt = \rho (f_x u + f_y v) \, dx \, dy \, dt \quad (1.61)
$$

(e) 圧力による仕事(図 1.36, 参照):

$$
\begin{aligned}
&p u \, dy \, dt - \left(pu + \frac{\partial pu}{\partial x} dx\right) dy \, dt + p v \, dx \, dt - \left(pv + \frac{\partial pv}{\partial y} dy\right) dx \, dt \\
&= -\left(\frac{\partial pu}{\partial x} + \frac{\partial pv}{\partial y}\right) dx \, dy \, dt
\end{aligned}
\quad (1.62)
$$

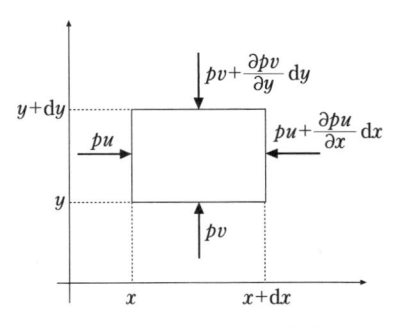

図 1.36 圧力による仕事

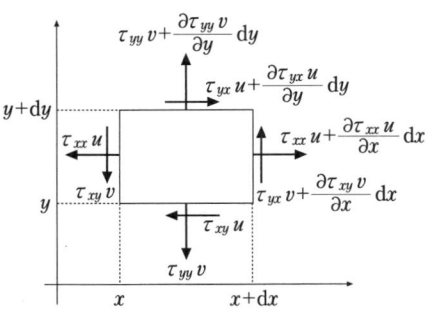

図 1.37 粘性応力による仕事

(f) 粘性応力による仕事(図 1.37, 参照):

$$
\begin{aligned}
&-\tau_{xx} u \, dy \, dt + \left(\tau_{xx} u + \frac{\partial \tau_{xx} u}{\partial x} dx\right) dy \, dt - \tau_{yx} u \, dx \, dt \\
&+ \left(\tau_{yx} u + \frac{\partial \tau_{yx} u}{\partial y} dy\right) dx \, dt - \tau_{xy} v \, dy \, dt + \left(\tau_{xy} v + \frac{\partial \tau_{xy} v}{\partial x} dx\right) dy \, dt \\
&- \tau_{yy} v \, dx \, dt + \left(\tau_{yy} v + \frac{\partial \tau_{yy} v}{\partial y} dy\right) dx \, dt
\end{aligned}
$$

$$= \left(\frac{\partial \tau_{xx} u}{\partial x} + \frac{\partial \tau_{xy} u}{\partial y} + \frac{\partial \tau_{xy} v}{\partial x} + \frac{\partial \tau_{yy} v}{\partial y} \right) \mathrm{d}x\, \mathrm{d}y\, \mathrm{d}t \tag{1.63}$$

いま，先に述べたように，(a) = (b) + (c) + (d) + (e) + (f) なので式 (1.58)～(1.63) を用いると，

$$\left. \begin{aligned} \frac{\partial \rho(e+K)}{\partial t} &= -\frac{\partial \rho(e+K)u}{\partial x} - \frac{\partial \rho(e+K)v}{\partial y} \\ &\quad - \left(\frac{\partial q_x}{\partial x} + \frac{\partial q_y}{\partial y} \right) + \rho(f_x u + f_y v) \\ &\quad - \left(\frac{\partial pu}{\partial x} + \frac{\partial pv}{\partial y} \right) + \frac{\partial (\tau_{xx} u + \tau_{xy} v)}{\partial x} + \frac{\partial (\tau_{xy} u + \tau_{yy} v)}{\partial y} \end{aligned} \right\} \tag{1.64}$$

ベクトル記号を用いて表示すると，

$$\frac{\partial \rho(e+K)}{\partial t} = -\nabla \cdot [\rho(e+K)\boldsymbol{u}] - \nabla \cdot \boldsymbol{q} + \rho \boldsymbol{f} \cdot \boldsymbol{u} - \nabla \cdot (p\boldsymbol{u}) + \nabla \cdot (\tau \cdot \boldsymbol{u}) \tag{1.65}$$

いま，

$$\nabla \cdot [\rho(e+K)\boldsymbol{u}] = (e+K)\boldsymbol{u} \cdot \nabla \rho + \rho \nabla [(e+K)\boldsymbol{u}] \tag{1.66}$$

$$\frac{\partial \rho(e+K)}{\partial t} = \rho \frac{\partial (e+K)}{\partial t} + (e+K) \frac{\partial \rho}{\partial t} \tag{1.67}$$

の関係と質量保存式，実質微分を用いると式 (1.57) が導かれる．

1.6.5 熱輸送の支配方程式

空調機や熱交換器など身近な工業製品には熱に関連する機器が多くある．これらの熱輸送を支配する方程式を以下で導く．

熱輸送の支配方程式：

$$\rho \frac{\mathrm{D}e}{\mathrm{D}t} = -(\nabla \cdot \boldsymbol{q}) - p\nabla \cdot \boldsymbol{u} + (\tau : \nabla \boldsymbol{u}) \tag{1.68}$$

上式の左辺は内部エネルギーの時間変化を，右辺はそれぞれ熱伝導，膨張，摩擦による内部エネルギーの変化を表す．

式 (1.68) の導出：

エネルギー保存式から，熱輸送の支配方程式を導く．力学的エネルギー $\rho K = (1/2)\rho \boldsymbol{u} \cdot \boldsymbol{u}$ は式 (1.45) より，

$$\rho \frac{DK}{Dt} = \rho \frac{D\boldsymbol{u}}{Dt} \cdot \boldsymbol{u} = -\nabla p \cdot \boldsymbol{u} + (\nabla \cdot \boldsymbol{\tau}) \cdot \boldsymbol{u} + \rho(\boldsymbol{f} \cdot \boldsymbol{u}) \tag{1.69}$$

式 (1.57) から上式を差し引くと式 (1.68) となる．ここで，ベクトル解析の公式から，

$$\nabla \cdot [\boldsymbol{\tau} \cdot \boldsymbol{u}] = \boldsymbol{u} \cdot [\nabla \cdot \boldsymbol{\tau}] + (\boldsymbol{\tau} : \nabla \boldsymbol{u}) = \boldsymbol{u} \cdot [\nabla \cdot \boldsymbol{\tau}] + \phi \tag{1.70}$$

ここで，記号 ':' は内積を表す．

$$\begin{aligned}\phi = \boldsymbol{\tau} : \nabla \boldsymbol{u} =\ & \tau_{xx}\frac{\partial u}{\partial x} + \tau_{xy}\frac{\partial u}{\partial y} + \tau_{xz}\frac{\partial u}{\partial z} \\ & + \tau_{xy}\frac{\partial v}{\partial x} + \tau_{yy}\frac{\partial v}{\partial y} + \tau_{yz}\frac{\partial v}{\partial z} \\ & + \tau_{xz}\frac{\partial w}{\partial x} + \tau_{yz}\frac{\partial w}{\partial y} + \tau_{zz}\frac{\partial w}{\partial z}\end{aligned} \tag{1.71}$$

ϕ は粘性応力によってなされた仕事のうち内部エネルギーとして散逸される単位時間・単位体積当たりの量で散逸関数 (dissipation function) と呼ばれる．

[例題 1-14] 非圧縮流れの熱輸送

非圧縮流れを仮定した場合の熱輸送の方程式を導きなさい．

(解)

定圧比熱 C_v が一定であるとすれば，内部エネルギーは $e = C_v T$（T：温度）と表される (4.1.2項，参照)．フーリエの法則から，

$$\boldsymbol{q} = -\lambda \nabla T \tag{1}$$

また，非圧縮流れが仮定できる流れでは，粘性応力による熱の発生は小さいので散逸関数は無視できる．いま，λ を一定とすると，式 (1.68) より次式を得る．

$$\rho C_v \frac{DT}{Dt} = \lambda \nabla^2 T \tag{2}$$

1.6.6 非圧縮流れ場の支配方程式（物性値が一定値をもつ場合）

普段，身の周りのほとんどの流れ（例えば，水や空気の流れ）は，密度の変化が無視できる非圧縮流れである場合が多い．このような流れ場での支配方程式を次にまとめて示す．

---

(1) 質量保存式 [式 (1.41) で $\rho = \text{const}$ より]：

$$\nabla \cdot \boldsymbol{u} = 0 \tag{1.72}$$

$$\frac{\partial u}{\partial x} + \frac{\partial v}{\partial y} + \frac{\partial w}{\partial z} = 0 \tag{1.73}$$

(2) 運動方程式（例題 [1-13] より）：

$$\frac{\mathrm{D}\boldsymbol{u}}{\mathrm{D}t} = -\frac{1}{\rho}\nabla p + \nu \nabla^2 \boldsymbol{u} + \boldsymbol{f} \tag{1.74}$$

$$\frac{\partial u}{\partial t} + u\frac{\partial u}{\partial x} + v\frac{\partial u}{\partial y} + w\frac{\partial u}{\partial z} = -\frac{1}{\rho}\frac{\partial p}{\partial x} + \nu\left(\frac{\partial^2 u}{\partial x^2} + \frac{\partial^2 u}{\partial y^2} + \frac{\partial^2 u}{\partial z^2}\right) + f_x$$

$$\frac{\partial v}{\partial t} + u\frac{\partial v}{\partial x} + v\frac{\partial v}{\partial y} + w\frac{\partial v}{\partial z} = -\frac{1}{\rho}\frac{\partial p}{\partial y} + \nu\left(\frac{\partial^2 v}{\partial x^2} + \frac{\partial^2 v}{\partial y^2} + \frac{\partial^2 v}{\partial z^2}\right) + f_y$$

$$\frac{\partial w}{\partial t} + u\frac{\partial w}{\partial x} + v\frac{\partial w}{\partial y} + w\frac{\partial w}{\partial z} = -\frac{1}{\rho}\frac{\partial p}{\partial z} + \nu\left(\frac{\partial^2 w}{\partial x^2} + \frac{\partial^2 w}{\partial y^2} + \frac{\partial^2 w}{\partial z^2}\right) + f_z \tag{1.75}$$

ここで，ν は動粘度，f_x, f_y, f_z はそれぞれ体積力の x, y, z 方向成分である．

(3) エネルギー式（例題 [1-14] より）：

$$\frac{\mathrm{D}T}{\mathrm{D}t} = \frac{\lambda}{\rho C_v}\nabla^2 T \tag{1.76}$$

$$\frac{\partial T}{\partial t} + u\frac{\partial T}{\partial x} + v\frac{\partial T}{\partial y} + w\frac{\partial T}{\partial z} = \frac{\lambda}{\rho C_v}\left(\frac{\partial^2 T}{\partial x^2} + \frac{\partial^2 T}{\partial y^2} + \frac{\partial^2 T}{\partial z^2}\right) \tag{1.77}$$

ここで，λ は熱伝導率，C_v は定積比熱である．

1.6.7 その他の座標系による表示

流れの支配方程式を記述する際，デカルト座標系（直交座標系，Cartesian coordinate system）を用いてきたが，円管内の流れや円形噴流などの流れを考えた場合，支配方程式を円筒座標系（cylindrical coordinate system）で表示する方が都合がよい．また，地球表面上の大気の流れを考えるのであれば球座標系（spherical coordinate system）の方がよい．本節では円筒座標系を取り上げ，非圧縮流れ場の質量保存式（連続の式），ならびに運動方程式を表す．

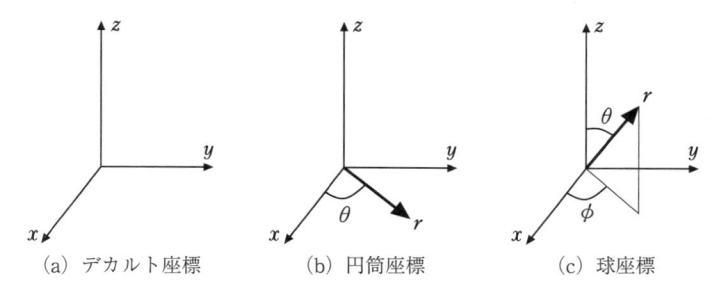

(a) デカルト座標　　(b) 円筒座標　　(c) 球座標

図1.38　いくつかの座標系

(1) 円筒座標系 (r, θ, z) [直交座標系 (x, y, z) との関係]：
$$x = r\cos\theta, \quad y = r\sin\theta, \quad z = z \tag{1.78}$$

(2) 質量保存式（連続の式）：
$$\frac{1}{r}\frac{\partial r u_r}{\partial r} + \frac{1}{r}\frac{\partial u_\theta}{\partial \theta} + \frac{\partial u_z}{\partial z} = 0 \tag{1.79}$$

(3) 運動方程式：
$$\frac{\partial u_r}{\partial t} + u_r \frac{\partial u_r}{\partial r} + \frac{u_\theta}{r}\frac{\partial u_r}{\partial \theta} - \frac{u_\theta^2}{r} + u_z \frac{\partial u_r}{\partial z}$$
$$= -\frac{1}{\rho}\frac{\partial p}{\partial r} + \nu\left[\frac{\partial^2 u_r}{\partial r^2} + \frac{1}{r}\frac{\partial}{\partial \theta}\left(\frac{1}{r}\frac{\partial u_r}{\partial \theta} - \frac{1}{r}u_\theta\right)\right.$$
$$\left. -\frac{1}{r}\left(\frac{1}{r}\frac{\partial u_\theta}{\partial \theta} + \frac{1}{r}u_r\right) + \frac{\partial^2 u_r}{\partial z^2} + \frac{1}{r}\frac{\partial u_r}{\partial r}\right] + f_r$$

$$\frac{\partial u_\theta}{\partial t} + u_r \frac{\partial u_\theta}{\partial r} + \frac{u_\theta}{r} \frac{\partial u_\theta}{\partial \theta} + \frac{u_r u_\theta}{r} + u_z \frac{\partial u_\theta}{\partial z}$$

$$= -\frac{1}{\rho r} \frac{\partial p}{\partial \theta} + \nu \left[\frac{\partial^2 u_\theta}{\partial r^2} + \frac{1}{r} \left(\frac{1}{r} \frac{\partial u_r}{\partial \theta} - \frac{1}{r} u_\theta \right) \right.$$

$$\left. + \frac{1}{r} \frac{\partial}{\partial \theta} \left(\frac{1}{r} \frac{\partial u_\theta}{\partial \theta} + \frac{1}{r} u_r \right) + \frac{\partial^2 u_\theta}{\partial z^2} + \frac{1}{r} \frac{\partial u_\theta}{\partial r} \right] + f_\theta$$

$$\frac{\partial u_z}{\partial t} + u_r \frac{\partial u_z}{\partial r} + \frac{u_\theta}{r} \frac{\partial u_z}{\partial \theta} + u_z \frac{\partial u_z}{\partial z}$$

$$= -\frac{1}{\rho} \frac{\partial p}{\partial z} + \nu \left(\frac{\partial^2 u_z}{\partial r^2} + \frac{1}{r^2} \frac{\partial^2 u_z}{\partial \theta^2} + \frac{\partial^2 u_z}{\partial z^2} + \frac{1}{r} \frac{\partial u_z}{\partial r} \right) + f_z \quad (1.80)$$

1.6.8 基礎方程式の無次元化

　実際の工学機器における流れの特性を調べるために，大きな機器（例えば，航空機，船，橋梁）などの設計・開発では模型を用いた風洞による実験を行う．この模型による実験を行う場合にどのように条件を整えれば，実際の流れと同一にすることができるのであろうか．本項では両者が同一とみなせる，すなわち流れの状態が相似になる条件を示す．

　流れの状態が相似になるには以下の条件が満足されなければならない．

（1）幾何学的相似

　　対象とする流れ場における物体の形状が相似であること．

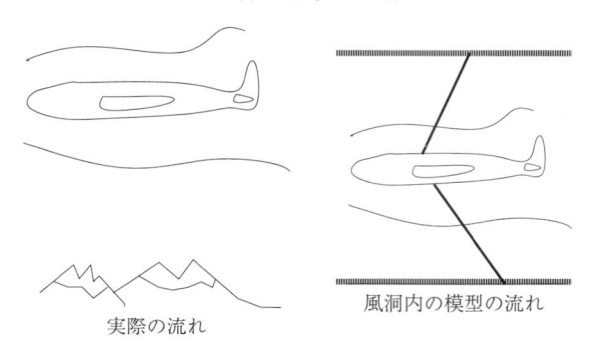

図 1.39　模型と実機の流れ

(2) 運動学的相似

　幾何学的な相似である流れ場の元で速度成分の比が同じになること．

(3) 力学的相似

　(1), (2) の条件の元で対応する場所同士での力，例えば慣性力，圧力，重力，粘性力などの比が同じになること．

(4) 支配方程式を無次元化して現れる無次元数が同じになること．

ここでは，重力が作用する非圧縮流れ場から (4) について考える．

運動方程式は，式 (1.74) から，

$$\frac{D\boldsymbol{u}}{Dt} = -\frac{1}{\rho}\nabla p + \nu\nabla^2\boldsymbol{u} + g\boldsymbol{e}_g \tag{1.81}$$

で与えられる．いま，外力として重力を考え，重力方向の単位ベクトルを $\boldsymbol{e}_g$，重力加速度を g とし，代表速度，代表長さ，代表密度，代表圧力をそれぞれ u^*, l^*, $\rho_0 u^{*2}$，とする．無次元化された速度，圧力，長さ，時間を記号 $\sim$ を用いて示すと，それぞれ $\tilde{\boldsymbol{u}}=\boldsymbol{u}/u^*$, $\tilde{p}=p/(\rho_0 u^{*2})$, $\tilde{x}=x/l^*$, $\tilde{t}=t/(l^*/u^*)$, $\tilde{\rho}=\rho/\rho_0$ となる．これを上式に代入すると，

$$\frac{D\tilde{\boldsymbol{u}}}{D\tilde{t}}\left(\frac{u^*}{l^*/u^*}\right) = -\frac{1}{\tilde{\rho}\rho_0}\tilde{\nabla}\frac{1}{l^*}\tilde{p}(\rho_0 u^{*2}) + \nu\tilde{\nabla}^2\frac{1}{l^{*2}}\tilde{\boldsymbol{u}}u^* + g\boldsymbol{e}_g \tag{1.82}$$

$$\frac{D\tilde{\boldsymbol{u}}}{D\tilde{t}} = -\frac{1}{\tilde{\rho}}\tilde{\nabla}\frac{1}{\tilde{p}} + \left(\frac{\nu}{u^* l^*}\right)\tilde{\nabla}^2\boldsymbol{u} + \left(\frac{gl^*}{u^{*2}}\right)\boldsymbol{e}_g \tag{1.83}$$

実際の異なる流れ場で二つの無次元量 $\left(\dfrac{\nu}{u^* l^*}\right)$, $\left(\dfrac{gl^*}{u^{*2}}\right)$ の値が同一となれば同じ支配方程式となる．ここにで現れた無次元数は，次のように呼ばれる．

$$\left.\begin{array}{l} Re = \dfrac{u^* l^*}{\nu} \ : \text{レイノルズ数} \\[2mm] Fr = \dfrac{u^*}{\sqrt{gl^*}} \ : \text{フルード数} \end{array}\right\} \tag{1.84}$$

これらの無次元数により式 (1.81) は次式となる．

$$\frac{D\tilde{\boldsymbol{u}}}{D\tilde{t}} = -\frac{1}{\tilde{\rho}}\tilde{\nabla}\frac{1}{\tilde{p}} + \frac{1}{Re}\tilde{\nabla}^2\tilde{\boldsymbol{u}} + \frac{1}{Fr^2}\boldsymbol{e}_g \tag{1.85}$$

第1章の演習問題

(1-1)

図のように断面積が流れ方向に変化する一次元的な流れを考える．

(a) 微小領域における釣合い式から，質量保存の式を導きなさい．

(b) 非粘性流れを仮定した運動量の保存の式を導きなさい．

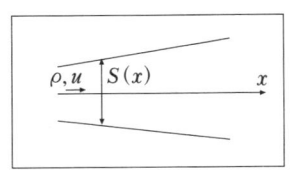

図1.40 準一次元流れ

(c) 非圧縮非粘性を仮定した熱輸送の式を導きなさい．

(1-2)

非圧縮流れ場の運動方程式から流れ場における次の渦度の輸送方程式を導きなさい．

$$\frac{D\boldsymbol{\omega}}{Dt} = (\boldsymbol{\omega}\cdot\nabla)\boldsymbol{u} + \nu\nabla^2\boldsymbol{\omega}$$

また，二次元場と三次元場の基本的な違いを説明しなさい．

(1-3)

非圧縮場における流れを解析する場合，連続の式と運動量保存式を解き，エネルギー式は必要としない．その理由を説明しなさい．

(1-4)

一つの固体粒子が重力により一様静止座標中を落下する際に生じる流れを考える．粒子の大きさは十分に小さいと仮定して，粒子が流れから受ける抵抗力 F とする．

(a) 粒子の質量を m として粒子の運動方程式はどのように表されるか．ここで，鉛直上方を正とし，粒子の座標を x_p とする．

(b) 固体粒子から受ける力 F を含む流れ場の運動方程式を示しなさい．

(1-5)

運動方程式 (1.81) について，重力を無視し，密度 ρ_0，動粘性係数 ν と代表長さ l による無次元化を行いなさい．

第2章 理想流体(非粘性流体)の力学

私たちの周囲や工業機器における流れでは，流体の圧縮性の影響を無視できる場合が多い．特にレイノルズ数が大きく粘性の影響が無視できる場合，流れを支配する方程式は大幅に簡略化することができる．物体周りの流れでは後述(3章，参照)のように物体表面上に粘性の影響が強く現れる層，いわゆる境界層が形成される．境界層の厚さは極めて薄いため，物体と境界層を一つの物体として見なせば，その表面上で流れはすべり，物体周囲は粘性が作用していない流れと考えられる．

本章では粘性が作用しない理想流体でかつ非圧縮の流れ場における理論について記す．

2.1 理想流体を支配する方程式

二次元の理想流体を支配する方程式は以下になる．

理想流体の支配方程式：

連続の式：$\dfrac{\partial \rho}{\partial t} + \dfrac{\partial \rho u}{\partial x} + \dfrac{\partial \rho v}{\partial y} = 0$ (2.1)

運動方程式：

$$\left.\begin{aligned}\dfrac{\partial u}{\partial t} + u\dfrac{\partial u}{\partial x} + v\dfrac{\partial u}{\partial y} &= -\dfrac{1}{\rho}\dfrac{\partial p}{\partial x} - \dfrac{\partial \Omega}{\partial x} \\ \dfrac{\partial v}{\partial t} + u\dfrac{\partial v}{\partial x} + v\dfrac{\partial v}{\partial y} &= -\dfrac{1}{\rho}\dfrac{\partial p}{\partial y} - \dfrac{\partial \Omega}{\partial y}\end{aligned}\right\} \quad (2.2)$$

式(1.41)，(1.45)から連続の式と非粘性流れ($\mu=0$)の運動方程式を考える．この理想流体の運動方程式は，オイラー(Euler)の運動方程式とも呼ばれる．

式(2.2)から，流れは右辺の圧力勾配と外力により駆動される．ここでは，外力としてポテンシャルΩの勾配を与えている．ところで，ある物理量Aが

別の物理量 B の勾配で表されるとき，B を A のポテンシャルという．例えば，ポテンシャルとして位置エネルギー $\Omega = g\boldsymbol{x}$ を与えるとそれは重力による外力を表すことになる．

さらに，本章では特に非圧縮流れを考えるので支配方程式は次式となる．

理想流体（非圧縮流れの場合）の支配方程式：

連続の式：$\dfrac{\partial u}{\partial x} + \dfrac{\partial v}{\partial y} = 0$ (2.3)

運動方程式：式 (2.2) と同様である．

[例題 2-1] 流線上のオイラーの運動方程式

流線に沿ったオイラーの運動方程式を導きなさい．ただし，密度 ρ は一定とする．

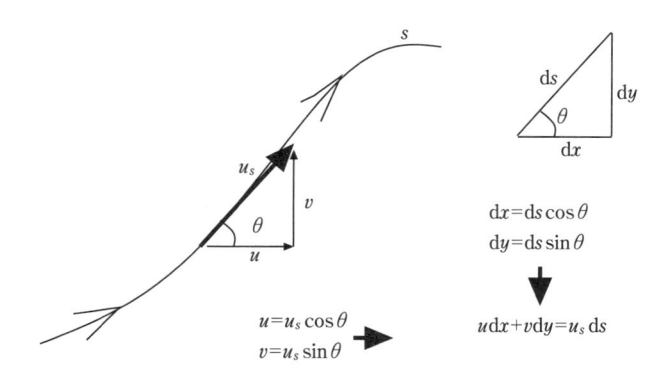

図 2.1 流線と速度ベクトル

（解）
式 (2.2) の 2 式のそれぞれに dx, dy をかけ流線 s に沿って積分すると，

$$\int \left(\frac{\partial u}{\partial t} + u\frac{\partial u}{\partial x} + v\frac{\partial u}{\partial y} \right) dx + \int \left(\frac{\partial v}{\partial t} + u\frac{\partial v}{\partial x} + v\frac{\partial v}{\partial y} \right) dy$$

$$= -\int \left(\frac{1}{\rho}\frac{\partial p}{\partial x} + \frac{\partial \Omega}{\partial x}\right) \mathrm{d}x - \int \left(\frac{1}{\rho}\frac{\partial p}{\partial y} + \frac{\partial \Omega}{\partial y}\right) \mathrm{d}y \tag{1}$$

さらに整理すると,

$$\frac{\partial}{\partial t}\int (u\,\mathrm{d}x + v\,\mathrm{d}y) + \int \left(u\frac{\partial u}{\partial x} + v\frac{\partial u}{\partial y}\right)\mathrm{d}x + \int \left(u\frac{\partial v}{\partial x} + v\frac{\partial v}{\partial y}\right)\mathrm{d}y$$

$$= -\int \frac{1}{\rho}\left(\frac{\partial p}{\partial x}\mathrm{d}x + \frac{\partial p}{\partial y}\mathrm{d}y\right) - \int \left(\frac{\partial \Omega}{\partial x}\mathrm{d}x + \frac{\partial \Omega}{\partial y}\mathrm{d}y\right) \tag{2}$$

流線の式 (1.29) から $v\,\mathrm{d}x = u\,\mathrm{d}y$, いま流線方向を s とすると幾何学的な関係 (図 2.1, 参照) から $u\,\mathrm{d}x + v\,\mathrm{d}y = u_s\,\mathrm{d}s$ となるので,

$$\frac{\partial}{\partial t}\int u_s\,\mathrm{d}s + \int \frac{1}{2}\mathrm{d}u_s^2 = -\int \left(\frac{\mathrm{d}p}{\rho} + \mathrm{d}\Omega\right) \tag{3}$$

全体を微分すると, 次式を得る.

$$\frac{\partial u_s}{\partial t} + \frac{1}{2}\frac{\partial u_s^2}{\partial s} = -\frac{1}{\rho}\frac{\partial p}{\partial s} - \frac{\partial \Omega}{\partial s} \tag{4}$$

なお, 例題 2-1 の結果から, 定常な場合で $\Omega = gz$ (z:高さ) とおくと, よく知られたベルヌーイの式が導かれる.

ベルヌーイの式 (理想流体で定常な場合):

$$\frac{1}{2}u_s^2 + \frac{p}{\rho} + gz = \mathrm{const} \tag{2.4}$$

2.2 循環および循環定理

外力が保存力である理想流体の場合, 次の循環を考えると都合がよい. なお, 後述のように循環は物体に作用する揚力の強さと直接関係する量になる.

2.2.1 循 環

いま, 流れ場に領域 V を囲む閉曲線 C を考える (図 2.2, 参照). C 上の微小線要素を $\mathrm{d}s$ とし $\mathrm{d}s$ 方向の速度 u_s の線積分を循環 (circulation) $\varGamma$ と定義する.

循　環：

$$\Gamma = \oint_C u_s \, ds = \oint_C \boldsymbol{u} \cdot d\boldsymbol{s} = \iint_V \omega \, dV \quad (\omega：渦度) \tag{2.5}$$

右手系の座標系を採用しているので，z 軸は紙面に垂直で手前向きであり反時計回りが正の回転方向となる．

微小領域の循環 $d\Gamma$ を考えると，

$$d\Gamma = u\,dx + \left(v + \frac{\partial v}{\partial x}dx\right)dy - \left(u + \frac{\partial u}{\partial y}dy\right)dx - v\,dy$$

$$= \left(\frac{\partial v}{\partial x} - \frac{\partial u}{\partial y}\right)dx\,dy = \omega\,dx\,dy \tag{2.6}$$

すなわち，$d\Gamma$ は二次元の場合の渦度 $\omega = (\partial v/\partial x - \partial u/\partial y)$ と微小領域 $dx\,dy$ の積になる．

任意の閉曲線を微小領域に分けて積分すると隣り合う微小領域の線積分は打ち消しあうので結果的に，

$$\Gamma = \int d\Gamma = \iint_V \omega\,dx\,dy \tag{2.7}$$

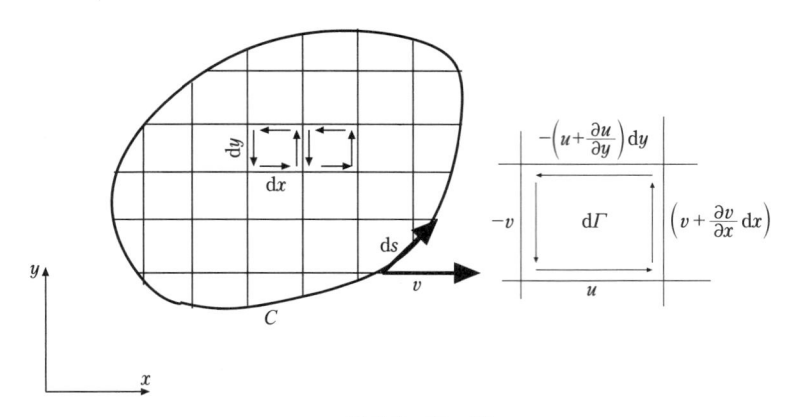

図 2.2　循　環

2.2.2 循環定理

流れとともに移動する任意の領域の循環は時間的に変化しない．すなわち，ケルビン（Kelvin）の循環定理が成立する．

ケルビンの循環定理：
$$\frac{D\Gamma}{Dt} = 0 \quad \left(\frac{D}{Dt} = \frac{\partial}{\partial t} + u\frac{\partial}{\partial x} + v\frac{\partial}{\partial y} : \text{実質微分}\right) \tag{2.8}$$

式 (2.8) の導出：

閉曲線 C が流れとともに移動すると Γ の時間変化は，

$$\begin{aligned}\frac{D\Gamma}{Dt} &= \frac{D}{Dt}\left[\oint(u\,dx + v\,dy)\right] \\ &= \oint \frac{Du}{Dt}dx + \oint u\frac{D(dx)}{Dt} + \oint \frac{Dv}{Dt}dy + \oint v\frac{D(dy)}{Dt}\end{aligned} \tag{2.9}$$

式 (2.2) から，

$$\frac{Du}{Dt} = -\frac{1}{\rho}\frac{\partial p}{\partial x} - \frac{\partial \Omega}{\partial x}, \quad \frac{Dv}{Dt} = -\frac{1}{\rho}\frac{\partial p}{\partial y} - \frac{\partial \Omega}{\partial y}$$

また，

$$\frac{D(dx)}{Dt} = d\left(\frac{Dx}{Dt}\right) = du, \quad \frac{D(dy)}{Dt} = d\left(\frac{Dy}{Dt}\right) = dv \tag{2.10}$$

したがって，

$$\begin{aligned}\frac{D\Gamma}{Dt} &= \oint\left[-\frac{\partial}{\partial x}\left(\Omega + \frac{p}{\rho}\right)dx - \frac{\partial}{\partial y}\left(\Omega + \frac{p}{\rho}\right)dy + u\,du + v\,dv\right] \\ &= \oint\left[-d\left(\Omega + \frac{p}{\rho}\right) + \frac{1}{2}d(u^2 + v^2)\right]\end{aligned} \tag{2.11}$$

となる．この積分は閉曲線 C 上を一周してもとに戻るのでゼロとなる．

2.3 流れ関数

スカラー量である流れ関数（stream function）ϕ を以下のようにを定義すると，流線や流量を簡単に求めることができる．

<u>流れ関数</u>：

$$u = \frac{\partial \phi}{\partial y}, \quad v = -\frac{\partial \phi}{\partial x} \tag{2.12}$$

流れ関数 $\phi=$ 一定の線は流線となる，異なる位置における ϕ の値の差がその間の流量を表す，などが成り立つ．

2.3.1 流れ関数の定義

いま，二次元場においてスカラー関数 $\phi=\phi(x,y)$ を考え，この関数の微分が式 (2.12) で定義する速度を与えるものとする（このとき，連続の式が成立することは明らかである）．

渦なし流れ ($\omega=0$) となる場合，渦度 ω〔式 (1.24)〕に式 (2.12) を代入すると，

$$\frac{\partial^2 \phi}{\partial x^2} + \frac{\partial^2 \phi}{\partial y^2} = \nabla^2 \phi = 0 \tag{2.13}$$

となり，ラプラスの式を満足する．

2.3.2 流線の証明

流線の方程式は幾何学的な関係から次式で与えられる．

$$\frac{\mathrm{d}x}{u} = \frac{\mathrm{d}y}{v} \tag{2.14}$$

これを変形し，流れ関数を代入すると，

$$\frac{\partial \phi}{\partial x}\mathrm{d}x + \frac{\partial \phi}{\partial y}\mathrm{d}y = \mathrm{d}\phi = 0 \tag{2.15}$$

となり，全微分 $\mathrm{d}\phi=0$ となる．すなわち，流線上では流れ関数 ϕ は $\phi=$ 一定となる．

2.3.3 流量の証明

図 2.3 に示すように任意の二つの位置 A, B を考える．図中の s に垂直な速

2.3 流れ関数

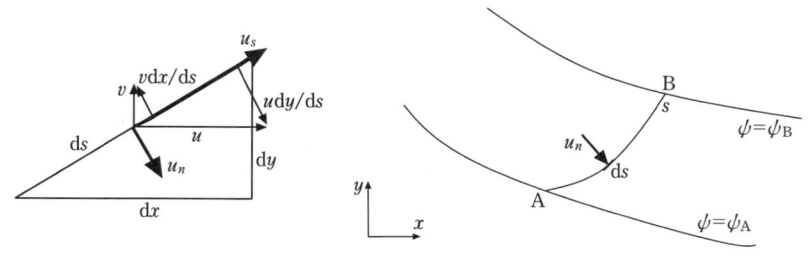

図 2.3 流れ関数

度 u_n は幾何学的な関係から $u_n = u\,dy/ds - v\,dx/ds$ となり，

$$u_n\,ds = u\,dy - v\,dx = d\phi \tag{2.16}$$

したがって，u_n をこの s 上で積分すると s を通過する流量 Q が求められる．

$$Q = \int_s u_n\,ds = \int_B^A d\phi = \phi_A - \phi_B \tag{2.17}$$

結果として Q は経路 s に関係せず，二つの地点の流れ関数の差がその間を通過する流量となる．

（注）

流れ関数は理想流体でなくても，非圧縮流れでさえあれば定義できるが，二次元か軸対象な流れでしか定義できないことに注意を要する．

［例題 2-2］軸対称流れ

軸対称な流れ場（$u_\theta = 0, \partial/\partial\theta = 0$）における流れ関数を定義しなさい．

（解）

式 (1.79) より連続の式は，

$$\frac{\partial r u_r}{\partial r} + \frac{\partial r u_z}{\partial z} = 0 \tag{1}$$

ここで，二次元の場合と比べ，r を y に z を x に対応させる．

$$r u_r = -\frac{\partial \phi}{\partial z},\ r u_z = \frac{\partial \phi}{\partial r} \tag{2}$$

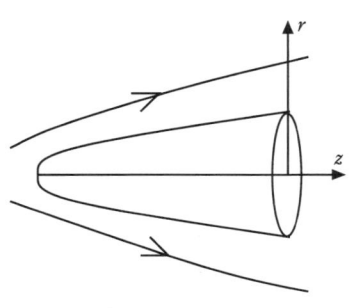

図 2.4 軸対称流れ

と定義できる．この場についても流線の式は，

$$\frac{\mathrm{d}r}{u_r} = \frac{\mathrm{d}z}{u_z} \tag{3}$$

で与えられるので，

$$u_z \mathrm{d}r - u_r \mathrm{d}z = \frac{1}{r}\frac{\partial \phi}{\partial r}\mathrm{d}r + \frac{1}{r}\frac{\partial \phi}{\partial z}\mathrm{d}z = \frac{1}{r}\mathrm{d}\phi = 0 \tag{4}$$

となり，流線上で $\phi=$ 一定となる．

図 2.3 を参考に，

$$u_n \mathrm{d}s = u_z \mathrm{d}r - u_r \mathrm{d}z. \tag{5}$$

流量は軸対称な流れ場を考えているので $2\pi r$ の重みを付け積分すると，

$$Q = \int_S u_n 2\pi r \mathrm{d}s = \int_S (u_z \mathrm{d}r - u_r \mathrm{d}z) 2\pi r \mathrm{d}s = \int_B^A 2\pi \mathrm{d}\phi = 2\pi(\phi_A - \phi_B) \tag{6}$$

したがって，この場合も流量は流れ関数の差として求められる．

2.4 速度ポテンシャル

2.4.1 速度ポテンシャルの定義

その勾配が速度ベクトルとなるスカラー関数 ϕ は，速度ポテンシャル（velocity potential）ϕ と呼ばれる．

速度ポテンシャル：

$$u = \frac{\partial \phi}{\partial x},\ v = \frac{\partial \phi}{\partial y} \tag{2.18}$$

速度ポテンシャルの特徴については，$\nabla^2 \phi = 0$ で定義される，渦なし流れ（$\omega = 0$）である，などが成り立つ．

(1) $\nabla^2 \phi = 0$ の証明

いま，連続の式を満足しなければならないので，

$$\frac{\partial u}{\partial x} + \frac{\partial v}{\partial y} = \frac{\partial^2 \phi}{\partial x^2} + \frac{\partial^2 \phi}{\partial y^2} = \nabla^2 \phi = 0 \tag{2.19}$$

となり，ϕ はラプラスの式を満足する．

(2) 渦なし流れ ($\omega=0$) の証明

二次元の場合，渦度 ω〔式 (1.24)〕に式 (2.18) を代入すると，

$$\omega = \frac{\partial v}{\partial x} - \frac{\partial u}{\partial y} = 0 \tag{2.20}$$

すなわち，速度ポテンシャルが仮定される流れ場は渦度がない流れ，いわゆる渦なし流れ (非回転流れ) の性質をもつことがわかる．

(注)

速度ポテンシャルは流れ関数と異なり，三次元の流れ場においても定義することができる (この場合も，$\omega = 0$ で渦なし流れとなる)．

$$\frac{\partial \phi}{\partial x} = u, \quad \frac{\partial \phi}{\partial y} = v, \quad \frac{\partial \phi}{\partial z} = w \tag{2.21}$$

$$\nabla^2 = \frac{\partial^2 \phi}{\partial x^2} + \frac{\partial^2 \phi}{\partial y^2} + \frac{\partial^2 \phi}{\partial z^2} = 0 \tag{2.22}$$

2.4.2 圧力方程式 (pressure equation)

速度ポテンシャル ϕ を仮定した流れ場も運動方程式を満足するので ϕ をそれに代入すると次式を得る．

$$\frac{p}{\rho} = -\frac{\partial \phi}{\partial t} - \frac{1}{2}(u^2 + v^2) - \Omega + C(t) \tag{2.23}$$

定常な場合には，次のベルヌーイの式が導かれる．

$$\frac{p}{\rho} + \frac{1}{2}(u^2 + v^2) + \Omega = \text{const} \tag{2.24}$$

式 (2.23) の導出：

いま，密度 ρ を一定とし，式 (2.18) を式 (2.2) に代入して積分すると，

$$\frac{\partial}{\partial x}\left[\frac{\partial \phi}{\partial t} + \frac{1}{2}(u^2 + v^2) + \frac{p}{\rho} + \Omega\right] = 0$$

$$\frac{\partial}{\partial y}\left[\frac{\partial \phi}{\partial t} + \frac{1}{2}(u^2 + v^2) + \frac{p}{\rho} + \Omega\right] = 0$$

この 2 式から積分される関数は時間だけの関数となり，

$$\frac{p}{\rho} = -\frac{\partial \phi}{\partial t} - \frac{1}{2}(u^2 + v^2) - \Omega + C(t) \tag{2.23}$$

[例題2-3] 円筒座標系での速度ポテンシャル

円筒座標系における速度ポテンシャルを定義しなさい．

(解) 円筒座標系なので速度は，

$$u = \nabla \phi \tag{1}$$

$$(u_r, u_\theta, u_z) = \left(\frac{\partial \phi}{\partial r}, \ \frac{1}{r} \frac{\partial \phi}{\partial \theta}, \ \frac{\partial \phi}{\partial z} \right) \tag{2}$$

円筒座標系でのラプラシアンは，

$$\nabla^2 \phi = \frac{1}{r} \frac{\partial}{\partial r} \left(r \frac{\partial \phi}{\partial r} \right) + \frac{1}{r^2} \frac{\partial^2 \phi}{\partial \theta^2} + \frac{\partial^2 \phi}{\partial z^2} = 0 \tag{3}$$

2.5 複素ポテンシャル

二次元の流れ場では以下に示す複素表示による複素ポテンシャル（complex pontential）を用いると簡単な流れ場を表現することができる．なお，その微分は速度を表す．

複素ポテンシャル W：

$$W = \phi + i\psi \tag{2.25}$$

ここで，ϕ は速度ポテンシャル，ψ は流れ関数，i は虚数（$i^2 = -1$）である．

複素ポテンシャルの微分は

$$\frac{dW}{dz} = u - iv \tag{2.26}$$

となる〔2.5節(2)，参照〕．

(1) 座標の定義

二次元平面上での座標は複素数を用いて，

$$z = x + iy \tag{2.27}$$

で表される．図2.5に示すように $x = r\cos\theta$，$y = r\sin\theta$ なので，オイラーの公式（$e^{i\theta} = \cos\theta + i\sin\theta$）より円筒座標系の座標は，

$$z = re^{i\theta} \tag{2.28}$$

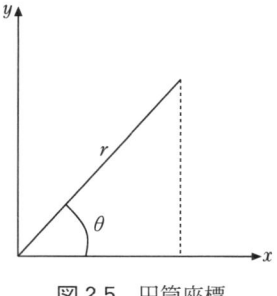

図2.5 円筒座標

2.5 複素ポテンシャル

(2) 複素ポテンシャルの微分の導出

W は x, y の関数なのでそれに対応し，二つの変数 $z, \tilde{z}$（$=x-iy$）をもつ関数である．

$$\frac{\partial x}{\partial \tilde{z}} = \frac{1}{2}, \quad \frac{\partial y}{\partial \tilde{z}} = \frac{i}{2}, \quad \frac{\partial x}{\partial z} = \frac{1}{2}, \quad \frac{\partial y}{\partial z} = -\frac{i}{2} \tag{2.29}$$

$\tilde{z}$ による微分は

$$\frac{\partial W}{\partial \tilde{z}} = \frac{\partial W}{\partial x}\frac{\partial x}{\partial \tilde{z}} + \frac{\partial W}{\partial y}\frac{\partial y}{\partial \tilde{z}} = \frac{1}{2}\left(\frac{\partial W}{\partial x} + i\frac{\partial W}{\partial y}\right)$$

$$= \frac{1}{2}\left[\left(\frac{\partial \phi}{\partial x} - \frac{\partial \psi}{\partial y}\right) + i\left(\frac{\partial \phi}{\partial y} + \frac{\partial \psi}{\partial x}\right)\right] \tag{2.30}$$

ここで，

$$u = \frac{\partial \phi}{\partial x} = \frac{\partial \psi}{\partial y}, \quad v = \frac{\partial \phi}{\partial y} = -\frac{\partial \psi}{\partial x} \tag{2.31}$$

より $\partial W/\partial \tilde{z}=0$ となる．したがって W は z のみの関数となる．

数学的に複素数 W が考えている領域内で微分可能である（正則である）必要十分条件は，ϕ と ψ が全微分が可能でこのとき次の関係が満足されなければならない．

$$\frac{\partial \phi}{\partial x} = \frac{\partial \psi}{\partial y}, \quad \frac{\partial \phi}{\partial y} = -\frac{\partial \psi}{\partial x} \tag{2.32}$$

この関係式を，コーシー・リーマンの関係（Cauchy-Riemann's relation）と呼ぶ．これは，流体力学では渦なし流れで速度ポテンシャルが存在する条件となっている．

この関係式からそれぞれを微分すると，

$$\nabla^2 \phi = 0, \quad \nabla^2 \psi = 0 \tag{2.33}$$

また，

$$\frac{dW}{dz} = \frac{\partial W}{\partial x}\frac{\partial x}{\partial z} + \frac{\partial W}{\partial y}\frac{\partial y}{\partial z} = \frac{1}{2}\left(\frac{\partial W}{\partial x} - i\frac{\partial W}{\partial y}\right)$$

$$= \frac{1}{2}\left[\left(\frac{\partial \phi}{\partial x} + \frac{\partial \psi}{\partial y}\right) + i\left(-\frac{\partial \phi}{\partial y} + \frac{\partial \psi}{\partial x}\right)\right] = u - iv \tag{2.34}$$

以上より複素ポテンシャルの微分が速度を表すことがわかる．

[例題 2-4] ϕ との直交性

流れ関数 ψ が一定の線と速度ポテンシャル ϕ が一定の線は直交することを示しなさい．

（解）

ϕ, ψ がそれぞれ一定の線に対する法線ベクトルは

$$\left. \begin{array}{l} \nabla \phi = \left(\dfrac{\partial \phi}{\partial x}, \dfrac{\partial \phi}{\partial y} \right), \\[2mm] \nabla \psi = \left(\dfrac{\partial \psi}{\partial x}, \dfrac{\partial \psi}{\partial y} \right) \end{array} \right\} \qquad (1)$$

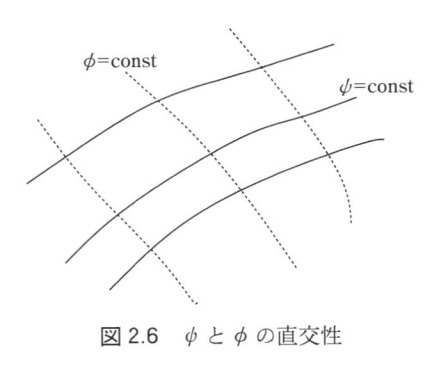

図 2.6　ϕ と ψ の直交性

これらの内積をとると，

$$\nabla \phi \cdot \nabla \psi = (u, v) \cdot (-v, u) = 0 \qquad (2)$$

となり，ϕ, ψ が一定の線が直交するのがわかる．

2.6 複素ポテンシャルにより表される簡単な流れ

先に述べたように複素ポテンシャルを用いると以下に示すような二次元の簡単な流れ場を表すことができる．

2.6.1 一様な流れ

一様な流れを表す複素ポテンシャル：

$$W = Uz = Ux + iUy \qquad (2.35)$$

ここで，U は実数で一様流速である．

式 (2.35) と式 (2.25) より $\psi = Uy$ となり流れ関数が一定となる流線は y が一定，すなわち x 軸に平行な直線となる（図 2.7，参照）．

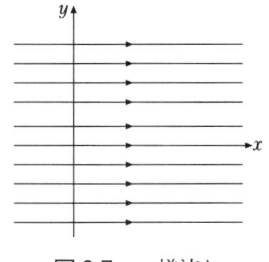

$$\frac{dW}{dz} = U \qquad (2.36)$$

図 2.7　一様流れ

2.6 複素ポテンシャルにより表される簡単な流れ

から速度は，$u=U$, $v=0$ である．

[例題 2-5] 斜めを向いた流れ

図 2.8 に示すように角度 α をもつ一様な流速 U の流れの複素ポテンシャルを示しなさい．

（解）

角度 α 方向の座標を $z'=x'+iy'$ とすると，

$$x = x'\cos\alpha - y'\sin\alpha \\ y = x'\sin\alpha + y'\cos\alpha \qquad (1)$$

から $z=z'e^{i\alpha}$ となる．したがって，複素ポテンシャルは

$$W = Uz' = Uze^{-i\alpha} \qquad (2)$$

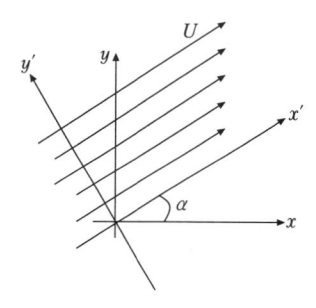

図 2.8 角度 α をもつ一様流れ

2.6.2 吹出し（湧出し），吸込み

図 2.9 に示すように，吹出し（湧出し）はある点から周囲へ放出される流れのことで，これとは逆に，ある点に集中して吸い込まれる流れを吸込みという．この流れを表す複素ポテンシャルは以下で与えられる．

吹出し，吸い込みを表す複素ポテンシャル：

$$W = \frac{Q}{2\pi}\ln z = \frac{Q}{2\pi}(\ln r + i\theta) \qquad (2.37)$$

ここで，$Q>0$ で吹き出し，$Q<0$ で吸込みの強さである．

複素ポテンシャルの定義より，

$$\phi = \left(\frac{Q}{2\pi}\right)\theta, \quad \phi = \left(\frac{Q}{2\pi}\right)\ln r \qquad (2.38)$$

これは，流れ関数が一定の線は角度が一定の線を表すので，図 2.9 に示すように原点から放射状の流れとなる．円筒座標系より勾配 ∇ は，

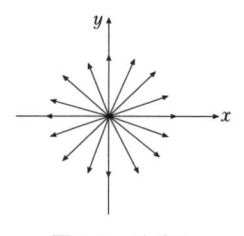

図 2.9 吹出し

$$\nabla = \left(\frac{\partial}{\partial r}, \frac{1}{r}\frac{\partial}{\partial \theta}\right) \tag{2.39}$$

いま，速度ポテンシャル ϕ から速度を求めると，

$$u_r = \left(\frac{Q}{2\pi r}\right),\ u_\theta = 0 \tag{2.40}$$

となり，$Q>0$ の場合，流れは中心から半径方向外向きに流れる．この場合を吹出し（source）と呼び，反対に $Q<0$ の場合，流れは半径方向内向きとなることから吸込み（sink）と呼ぶ．半径 r の円周を通過する流れの積分量 L_1 は流量を示し，どの半径でも一定値 Q となる．

$$L_1 = v_r \times 2\pi r = Q \tag{2.41}$$

したがって，与えた Q は中心から吸い込み，あるいは吹き出される紙面に垂直な単位幅当たりの流量を示している．

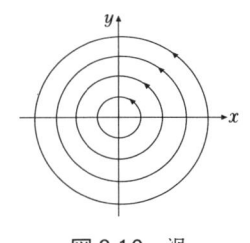

図 2.10　渦

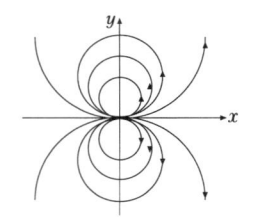

図 2.11　二重吹き出し

2.6.3　渦

渦（図 2.10）を表す複素ポテンシャル：

$$W = -\frac{i\Gamma}{2\pi}\ln z = \frac{\Gamma}{2\pi}(-i\ln r + \theta) \tag{2.42}$$

ここで，Γ は渦の強さである．

$z = re^{i\theta}$ とおくと，複素ポテンシャルの定義より，

$$\phi = -\left(\frac{\Gamma}{2\pi}\right)\ln r,\ \phi = \left(\frac{\Gamma}{2\pi}\right)\theta \tag{2.43}$$

これは，流れ関数一定の線は半径が一定の線なので原点回りに回転する流れであることがわかる．速度ポテンシャルから，

$$\nabla\phi = \left(\frac{\partial\phi}{\partial r}, \frac{1}{r}\frac{\partial\phi}{\partial\theta}\right) = \left(0, \frac{\Gamma}{2\pi r}\right) = (u_r, u_\theta) \tag{2.44}$$

ここで，半径 r の周上で周方向速度 u_θ を積分するとその積分量 L_2 は循環量を示し，どの半径でも L_2 は一定値 Γ となる．

$$L_2 = 2\pi r u_\theta = \Gamma \tag{2.45}$$

したがって，Γ は循環量を表し，この流れは自由渦を表す（1.5.3項，参照）．

2.6.4 二重吹出し

図 2.11 に示す二重吹出しの流れは，流れの中に置かれた物体を表現するのに利用される．以下に，この流れが吹き出し，あるいは渦が接近して配置されたものであること示す．

二重吹出しの複素ポテンシャル：

$$W = -\frac{m}{2\pi z} = -\frac{m}{2\pi r}(\cos\theta - i\sin\theta) \tag{2.46}$$

ここで，m は実数で二重吹出しの強さである．

複素ポテンシャルの定義より，

$$\phi = \frac{m\sin\theta}{2\pi r}, \ \phi = -\frac{m\cos\theta}{2\pi r} \tag{2.47}$$

いま，$k = m/(4\pi\phi)$ とおくと $\sin\theta/r = r\sin\theta/r^2 = y/(x^2+y^2) = 1/(2k)$ となり，流れ関数が一定である $k = $ 一定の線は $x^2 + (y-k)^2 = k^2$ となる．したがって，図 2.11 からもわかるように必ず x 軸に接する円群で表される．流線の分布からこの流れは二重吹出し（doublet）と呼ばれる．

いま，原点に Q の強さをもつ吸込みがあり，原点よりプラス側に δ だけずれて吹出しがあるとする．このときの流れの複素ポテンシャル W は，

$$W = -\frac{Q}{2\pi}(\ln z) + \frac{Q}{2\pi}\ln(z-\delta) \tag{2.48}$$

ここで，$Q\delta = m$ となるように $\delta \to 0$ となる極限を考えると，

$$\lim_{\delta \to 0} W = \lim_{\delta \to 0} \frac{m}{2\pi} \frac{[\ln(z-\delta) - \ln z]}{\delta} = -\frac{m}{2\pi z}$$

となる．図からも原点近傍の右側では流れが吹き出し，また，左側からは流れが吸い込んでおり，二重吹出しは上記の近似の極限であることが理解できる．また，同様に原点に $-\varGamma$ の渦があり y 軸のプラス側に反対向きの渦がある場合について考えるとその複素ポテンシャル W は，

$$W = -i\frac{\varGamma}{2\pi}[-\ln z + \ln(z - i\delta)] \tag{2.49}$$

ここで，$\varGamma\delta = m$ となるように $\delta \to 0$ となる極限を考えると，

$$\lim_{\delta \to 0} W = \lim_{\delta \to 0} \frac{m}{2\pi} \frac{[\ln(z - i\delta) - \ln z]}{i\delta} = -\frac{m}{2\pi z}$$

この二重吹出しは二つの渦流れが接近して配置されているとみることもできる．

2.6.5 円柱周りの流れ

簡単な複素ポテンシャルを利用すると物体回りの流れを表現することができる．ここでは，円柱周りの流れについて説明する．

円柱周りの流れの複素ポテンシャル：

$$\begin{aligned} W &= Vz + R^2 \frac{V}{z} + i\frac{\varGamma}{2\pi}\ln z \\ &= Vre^{i\theta} + \frac{R^2 V}{re^{i\theta}} + i\frac{\varGamma}{2\pi}\ln r - \frac{\varGamma\theta}{2\pi} \end{aligned} \tag{2.50}$$

式 (2.50) は x 軸方向に一様な流れと二重吹出しと渦の三つを重ね合わせた流れ場の場合複素ポテンシャルである．$z = re^{i\theta}$ とおくと，速度ポテンシャルと流れ関数はそれぞれ，

$$\phi = V\left(r + \frac{R^2}{r}\right)\cos\theta - \frac{\varGamma\theta}{2\pi} \tag{2.51}$$

$$\phi = V\left(r - \frac{R^2}{r}\right)\sin\theta + \frac{\Gamma}{2\pi}\ln r \tag{2.52}$$

流れ関数から，$r=R$ では $\phi=\text{const}$ となり半径 R の円は流線となる．また，

$$\frac{\mathrm{d}W}{\mathrm{d}z} = V - \frac{R^2 V}{z^2} + i\frac{\Gamma}{2\pi z} \tag{2.53}$$

となり，十分遠方での速度は $|z|\to\infty$ とすれば $\mathrm{d}W/\mathrm{d}z \to V$ の一様流となる．$\mathrm{d}W/\mathrm{d}z = 0$ となる位置は速度がゼロのよどみ点であるがその位置は，

$$\frac{z}{R} = -\frac{i\Gamma}{4\pi RV} \pm \sqrt{1 - \left(\frac{\Gamma}{4\pi RV}\right)^2} \tag{2.54}$$

となり，図 2.12 に示すように，循環と一様流の速度の関係から流れのパターンが決定される．

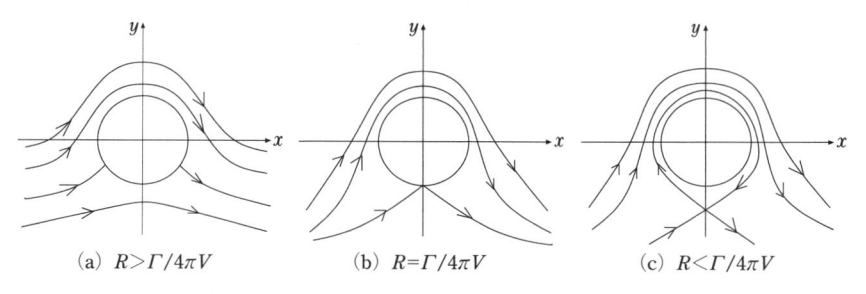

(a) $R > \Gamma/4\pi V$ (b) $R = \Gamma/4\pi V$ (c) $R < \Gamma/4\pi V$

図 2.12 円柱周りの流れ

ここで，一様流中に置かれた円柱が受ける揚力と抗力を評価する．
円柱表面上の流速 u_q は，

$$u_q = \left(\frac{1}{r}\frac{\partial \phi}{\partial \theta}\right)_{r=R} = -V\left(2\sin\theta + \frac{\Gamma}{2\pi RV}\right) \tag{2.55}$$

よどみ点圧力を p_0 としベルヌーイの式を適用すると円柱表面上の圧力は，

$$p = p_0 - \frac{1}{2}\rho u_q^2 = p_0 - \frac{1}{2}\rho V^2\left(2\sin\theta + \frac{\Gamma}{2\pi RV}\right)^2 \tag{2.56}$$

図 2.13 に示すように，円柱表面上で圧力を積分すると揚力 (L) と抗力 (D) を得る．

円柱に作用する揚力（L）と抗力（D）:

$$L = -\int_0^{2\pi} Rp\cos\theta\,d\theta = \rho V\Gamma \tag{2.57}$$

$$D = -\int_0^{2\pi} Rp\sin\theta\,d\theta = 0 \tag{2.58}$$

この結果から，抗力はゼロで，常識に反する結果が得られる．これは，理想流体を仮定し粘性を全く無視したことによる．これをダランベールの背理（d'Alembert paradox）と呼ぶ．

回転しない円柱では循環がゼロなので当然揚力も発生しないが，円柱周りに時計回りの流れがあると揚力は上向きに，逆の場合は下向きに発生する．これをマグヌス効果〔Magnus effect, 3.5.2（1），参照〕と呼び，円柱に限らず球の場合も回転が与えられると流れと直角の方向に力が働く．

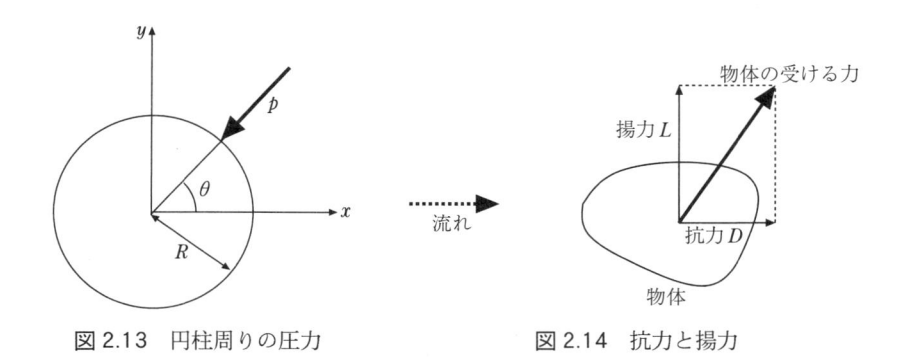

図 2.13　円柱周りの圧力　　　図 2.14　抗力と揚力

（注）物体に働く揚力と抗力

図 2.14 に示すように流れの中に物体があると流体によって物体は力を受ける．その力を流れの方向とそれと直交する方向に分解し，そのそれぞれを揚力（lift）と抗力（drag）と呼ぶ．

2.7 等角写像

等角写像:
　平面上のある点の微小な二つの線分がつくる角度が，別の平面において対応する点と対応する二つの線分が作る角度が同じとなる写像を等角写像（conformal mapping）という．

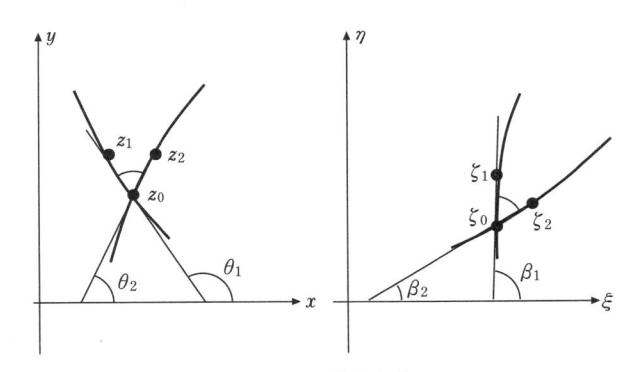

図 2.15　等角写像

　図 2.15 に示す $z = x + iy$ 平面上の任意の点を $\zeta = \xi + i\eta$ 平面上に 1 対 1 に対応させることができることを変換といい，この変換により z 平面から ζ 平面に移される図形を写像という．

　いま，ある複素ポテンシャルの流れから写像により新しい流れをつくることを考える．$\zeta = \xi + i\eta$ が z の正則関数ならば，ある位置 $z_0 = x_0 + iy_0$ に対し $\zeta_0 = \xi_0 + i\eta_0$ の値が決まる．ここで z_0 より微小距離にある z_1, z_2 に対応する点をそれぞれ ζ_1, ζ_2 とすると，

$$\zeta_1 - \zeta_0 = \frac{d\zeta}{dz}(z_1 - z_0), \quad \zeta_2 - \zeta_0 = \frac{d\zeta}{dz}(z_2 - z_0) \tag{2.59}$$

これより，

$$\frac{\zeta_1 - \zeta_0}{\zeta_2 - \zeta_0} = \frac{z_1 - z_0}{z_2 - z_0} \tag{2.60}$$

ここで，$z_1-z_0=r_1 e^{i\theta_1}$, $z_2-z_0=r_2 e^{i\theta_2}$, $\zeta_1-\zeta_0=l_1 e^{i\beta_1}$, $\zeta_2-\zeta_0=l_2 e^{i\beta_2}$ とすると，

$$\frac{l_1}{l_2} e^{i(\beta_1-\beta_2)} = \frac{r_1}{r_2} e^{i(\theta_1-\theta_2)} \tag{2.61}$$

となる．すなわち，写像関数が正則ならば，$\beta_1-\beta_2=\theta_1-\theta_2$ で z_0 での角度は写像後も等しくなる．

2.8 等角写像の応用

2.8.1 ジューコフスキー変換

いま，次の写像関数（ジューコフスキー変換）について考える．

ジューコフスキー変換：

$$\zeta = z + \frac{a^2}{z} \quad (a>0) \tag{2.62}$$

---

z 平面上で原点に中心をもつ半径 R の円（$R>a$）を考えると，円は $z=Re^{i\theta}$ で表されるのでこれを代入すると，

$$\zeta = Re^{i\theta} + \frac{a^2}{R} e^{-i\theta} = \xi + \eta i \tag{2.63}$$

したがって，

$$\xi = \left(R + \frac{a^2}{R}\right)\cos\theta, \quad \eta = \left(R - \frac{a^2}{R}\right)\sin\theta \tag{2.64}$$

これより，半径 R の円は

$$\xi^2 / \left(R + \frac{a^2}{R}\right)^2 + \eta^2 / \left(R - \frac{a^2}{R}\right)^2 = 1 \tag{2.65}$$

となり，楕円に写像される．とくに $R=a$ とした場合，

$$\xi = 2a\cos\theta, \quad \eta = 0 \tag{2.66}$$

となり円は，$-2a \leq \xi \leq 2a$ の線分に写像されることになる．

さらに，これらの結果を利用し，角度 α で一様流れに置かれた平板（翼）の流れについて考えてみる．

2.8.2 平板の揚力

z 平面上での複素ポテンシャルは，これまでの円柱周りの流れを若干修正して利用する．すなわち，一様流の方向は図 2.16 に示すように角度 α の迎え角で流れてくることから z を $ze^{-i\alpha}$ と修正すればよい（例題 2-5，参照）．

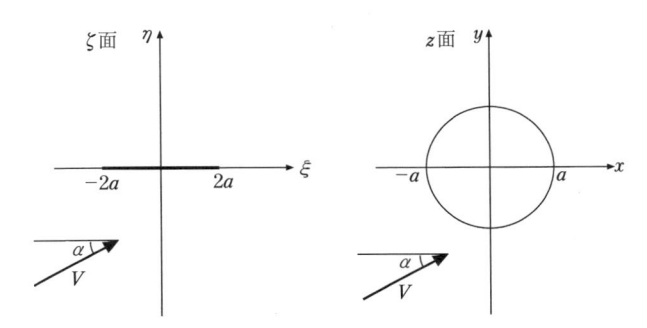

図 2.16 平板（翼）と円柱の周りの流れ

$$W = Vze^{-i\alpha} + a^2 \frac{V}{z} e^{i\alpha} + i \frac{\Gamma}{2\pi} \ln z \tag{2.67}$$

ただし，右辺の第 3 項は原点周りの回転流れを表す項なので，一様流の流れ角度の変更とは関係なく修正する必要はない．したがって ζ 平面上での速度は，

$$\frac{dW}{d\zeta} = \frac{dW}{dz} \bigg/ \frac{d\zeta}{dz} = \frac{dW}{dz} \bigg/ \left(1 - \frac{a^2}{z^2}\right)$$

$$= \left[v e^{-i\alpha} \left(1 - \frac{a^2}{z^2} e^{i2\alpha}\right) + i \frac{\Gamma}{2\pi z} \right] \bigg/ \left(1 - \frac{a^2}{z^2}\right) \tag{2.68}$$

$|z| = a$ は平板の両端であるが，平板の前縁（$z = -a$）近くでは迎え角により流れの衝突の様子が変わり，平板の下面に衝突した流れは前縁を回り込み平板に沿って流れると考えられる．

一方，前縁とは異なり後縁（$z = a$）では平板を回り込む流れはなく速やかに下流側へと流れていくと考えられる．後縁でのこの条件をクッタ（Kutter）の条件あるいはジューコフスキーの仮定と呼ぶ．具体的には後縁での流速がゼロであれば，後縁をまたぐ流れは発生しない．したがって上式から $z = a$ を代入すると，

$$Ve^{-i\alpha}(1-e^{i2\alpha}) + i\frac{\Gamma}{2\pi a} = 0 \tag{2.69}$$

これより

$$\Gamma = 4\pi a V \sin\alpha \tag{2.70}$$

となり，平板（翼）に発生する揚力Lはジューコフスキー変換によって変わらないので，円柱に作用する揚力から $L = \rho V \Gamma$ で与えられる．

平板の揚力：

$$L = \rho V \Gamma = 4\pi \rho a V^2 \sin\alpha \tag{2.71}$$

第2章の演習問題

(2-1)

速度ポテンシャルが $\phi = \cosh x \sin y$ で与えられたとき，以下の問に答えなさい．

(a) 速度を求め，連続の式が満足されること，および渦なし流れであることを示しなさい．

(b) この流れ場の流れ関数を求め，原点と点 (x_1, y_1) の間を流れる流量を求めなさい．

(c) 原点における圧力を p_0 として，点 (x_1, y_1) における圧力を求めなさい．

(2-2)

いま，二次元場において無限に広がる壁 $(y=0)$ があり，点 $(0, h)$ の位置に吹出しがある．

(a) 点 $(0, h)$ にある吹出しの複素ポテンシャルを示しなさい．

(b) 壁に対称な位置 $(0, -h)$ に同じ強さの吹出し（もとの吹出しに対する鏡像）を置くことで $y = 0$ が壁となることを示しなさい（鏡像をおくことで簡単に壁を表現することができる）．

(c) 無限遠方での圧力を p_0 とし，壁上の圧力分布を求めなさい．

(d) 点 $(0, h)$ の位置に渦がある場合の複素ポテンシャルを示し，この場合の鏡像についても示しなさい．

(e) 無限遠方での圧力を p_0 として，渦がある場合の壁上の圧力分布を求めなさい．

(2-3)

x 軸の正の方向に流速 V_∞ で流れる一様流中に，楕円柱が置かれているいま，楕円の長軸を a，短軸を b とし，長軸は x 軸に平行であるとする．

(a) このときの複素ポテンシャルを示しなさい．

(b) 楕円の表面上での流速ならびに圧力分布を示しなさい．

第3章　粘性流体の力学

前章では，粘性を考えない流体すなわち理想流体の流れの力学について述べたが，実在の流体は大なり小なり粘性を有しその影響は特に速度勾配の大きな壁面および自由せん断層で顕著である．また，このことは流動抵抗（摩擦抵抗，など）に関連するためそれを理解することは極めて重要である．本章では，粘性を有する流体の流れの挙動とその力学について述べる．

3.1 運動方程式

粘性流体の運動を記述するナビエ・ストークス運動方程式（Navier − Stokes equation of motion）(1.55), (1.75)を二次元，非圧縮性流れ div $\boldsymbol{u}=0$ について直交座標 (x,y)，速度成分 (u,v) を使って表すと，

二次元，非圧縮性流れのナビエ・ストークス運動方程式：

$$\left.\begin{aligned}\frac{\partial u}{\partial t}+u\frac{\partial u}{\partial x}+v\frac{\partial u}{\partial y}&=-\frac{1}{\rho}\frac{\partial p}{\partial x}+\nu\left(\frac{\partial^2 u}{\partial x^2}+\frac{\partial^2 u}{\partial y^2}\right)+f_x\\ \frac{\partial v}{\partial t}+u\frac{\partial v}{\partial x}+v\frac{\partial v}{\partial y}&=-\frac{1}{\rho}\frac{\partial p}{\partial y}+\nu\left(\frac{\partial^2 v}{\partial x^2}+\frac{\partial^2 v}{\partial y^2}\right)+f_y\end{aligned}\right\} \quad (3.1)$$

ここで，f_x, f_y はそれぞれ体積力の x, y 方向成分である．

いま，円管内の流れを考えるため（3.2節），式（3.1）を円筒座標系 (r,θ,z) で表すと次式となる〔式（1.80），参照〕．なお，この際，式（1.80）で円周 (θ) 方向成分はゼロとし，z 軸は x 軸と，u_z は u と，u_r は v と表記した．

$$\left.\begin{aligned}\frac{\partial v}{\partial t}+v\frac{\partial v}{\partial r}+u\frac{\partial v}{\partial x}&=-\frac{1}{\rho}\frac{\partial p}{\partial r}+\nu\left(\frac{\partial^2 v}{\partial r^2}+\frac{\partial^2 v}{\partial x^2}+\frac{1}{r}\frac{\partial v}{\partial r}\right)+f_r\\ \frac{\partial u}{\partial t}+v\frac{\partial u}{\partial r}+u\frac{\partial u}{\partial x}&=-\frac{1}{\rho}\frac{\partial p}{\partial x}+\nu\left(\frac{\partial^2 u}{\partial r^2}+\frac{\partial^2 u}{\partial x^2}+\frac{1}{r}\frac{\partial u}{\partial r}\right)+f_x\end{aligned}\right\} \quad (3.2)$$

ここで，f_r は体積力の r 方向成分である．

3.2 速度分布

粘性流れの基本的な流れの一つとして，ここでは十分に発達した円管内の流れを取り上げその速度分布について考える．

3.2.1 層流の場合

この場合，流れは軸対称なので円筒座標系での運動方程式〔式 (3.2)〕を使用するのが便利である．流れは層流で定常とすると，半径 r および円周方向 θ の速度成分はゼロなので，考慮しなければならない速度成分は u 成分に関する運動方程式のみになる．また，定常状態なので時間微分項 $\partial/\partial t$ はゼロで，さらに連続の式〔式 (1.79)〕から $\partial u/\partial z=0$ となりこれから運動方程式はかなり簡略化され次式を得る．

$$-\frac{\partial p}{\partial x}+\mu\left(\frac{\partial^2 u}{\partial r^2}+\frac{1}{r}\frac{\partial u}{\partial r}\right)=-\frac{\partial p}{\partial x}+\mu\frac{1}{r}\frac{\partial}{\partial r}\left(r\frac{\partial u}{\partial r}\right)=0 \tag{3.3}$$

これを積分すると，

$$\frac{\partial u}{\partial r}=\frac{1}{2\mu}\left(\frac{\partial p}{\partial x}\right)r+\frac{C_1}{r}$$

流れは中心軸に関して対称なので $r=0$ で $\partial u/\partial r=0$ となり，積分定数は $C_1=0$ となる．さらに，これを積分すると，

$$u=\frac{1}{4\mu}\left(\frac{\partial p}{\partial x}\right)r^2+C_2$$

円管の壁面上 ($r=R$) では流れの粘着条件から $u=0$ となるので積分定数は $C_2=-(1/4\mu)(\partial p/\partial x)R^2$ となり，

$$u=\frac{1}{4\mu}\left(\frac{\partial p}{\partial x}\right)(r^2-R^2) \tag{3.4}$$

いま，管中心 $r=0$ での速度（最大流速）を $u_{\max}$ とすると，

$$u_{\max}=-\frac{R^2}{4\mu}\left(\frac{\partial p}{\partial x}\right) \tag{3.5}$$

したがって，u を $u_{\max}$ で無次元化すると，

円管内層流の速度分布：

$$\frac{u}{u_{\max}} = 1 - \left(\frac{r}{R}\right)^2 \tag{3.6}$$

すなわち，速度分布は放物線形になる．

なお，円管内層流の速度分布は［例題3-1］に示すように流れの中の流体要素（検査体積）に作用する力の平衡からも求められる．

［例題3-1］円管内層流の速度分布

円管内層流の速度分布式を，図3.1に示すように円管内にとった検査体積に掛かる力の平衡から求めなさい．

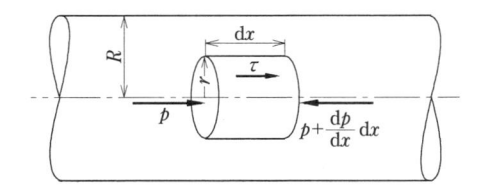

図3.1 円管内の層流流れ，検査体積

（解）

いま，速度 u は r の，圧力 p は x の関数とし，図に示す検査体積の左の面に作用する圧力を p とすると右の面には近似的に $p+(dp/dx)dz$ の圧力が作用する〔式(1.3)，参照〕．検査体積に作用する圧力差による力とせん断力の釣合いを考えると，

$$\pi r^2 dp = \tau 2\pi r dx = \mu\left(\frac{du}{dr}\right) 2\pi r dx \tag{1}$$

したがって，

$$du = \left(\frac{1}{2\mu}\right) r \left(\frac{dp}{dx}\right) dr \tag{2}$$

上式を積分し境界条件（$r=R$ で $u=0$）を考慮すると，u について式(3.4)と同様の次式を得る．

$$u=\left(\frac{1}{4\mu}\right)\left(\frac{\mathrm{d}p}{\mathrm{d}x}\right)(r^2-R^2) \tag{3}$$

ハーゲン・ポアズイユの法則：

　層流で放物線形の速度分布を有する流れをポアズイユ流れ（Poiseuille flow）という．

　この場合の流量 Q は，Δp を管長 l の区間の圧力損失とすると，

$$Q=\int_0^R 2\pi r u\,\mathrm{d}r = \frac{-\pi R^4}{8\mu}\left(\frac{\mathrm{d}p}{\mathrm{d}x}\right) = \frac{-\pi R^4}{8\mu}\left(\frac{\Delta p}{l}\right) \tag{3.7}$$

これを，ハーゲン-ポアズイユの法則（Hagen-Poiseuille's law）という．

　また，管内最大流速 $u_{\max}$ と平均流速 u_m との関係は，[例題 3-1] 中の式 (3) と式 (3.7) から，

$$u_{\max}=2u_\mathrm{m} \tag{3.8}$$

となり，円管内層流の最大流速は平均流速の 2 倍となる [例題 3-1，参照]．

3.2.2　乱流の場合

　層流の場合，前記したように検査体積に作用する力のバランスを考えることから簡単に速度分布を求めることができた．しかし，乱流状態にある流れでは流路形状が簡単な円管内の流れについてさえ解析的に速度分布を求めることはできない．後の 3.3.3 項で説明されるが，時間平均すると流れ場には乱流によるせん断応力（レイノルズ応力）が付加される．このせん断応力は流れ場に生じた不規則な乱れが原因で，その特性を理論的に表記することは困難なので実験的に求められることになる．円管の壁近傍の薄い層では 3.3.4 項の乱流境界層とよく似た乱れの作られ方がなされるので，速度分布を壁面の摩擦応力で無次元化するとよく一致する相似な速度分布形となる．それらの壁近傍の流れの様子とは別に，円管の場合，速度分布を与える近似式として次式が示されている．

$$\frac{u}{u_{\max}}=\left(\frac{r}{R}\right)^{1/n} \tag{3.9}$$

ここで，n は定数である．

上式は指数法則 (power law) と呼ばれ, $Re = u_\mathrm{m} d/\nu \fallingdotseq 5 \times 10^3 \sim 8 \times 10^4$ の滑管の場合 $n = 7$ と与えられる. そのときの速度分布式を 1/7 乗則 (one-seventh power law) といい, 壁面近傍を除き実験結果をよく表す.

円管内乱流の速度分布, 1/7 乗則:

$$\frac{u}{u_\mathrm{max}} = \left(\frac{r}{R}\right)^{1/7} \tag{3.10}$$

また, u_max と u_m との関係は,

$$u_\mathrm{max} \fallingdotseq 1.2 u_\mathrm{m} \tag{3.11}$$

となり, 円管内乱流の最大流速は平均流速の約 1.2 倍になる [問題 (3-2), 参照].

乱流の場合の管内速度分布形は, 流体の乱れによる半径方向への活発な混合の結果, 層流の場合より平坦な分布形となる.

3.3 境界層

速度 U の流れの中にある物体, あるいは静止流体中を速度 U で移動する物体が流体から受ける力 (抵抗力, drag) D には, 物体の形状による形状抵抗 (form or profile drag) または圧力抵抗 (pressure drag) D_p, 物体と流体との間の摩擦による摩擦抵抗 (skin friction drag) D_f, 物体から誘起される渦による誘導抵抗 (induced drag) D_i および波を作ることによる造波抵抗 (wave drag) D_w などがある. いま, これらの中で摩擦抵抗を考えると, それは流体の粘性, 物体表面上の速度勾配に比例するので, 物体近傍の流れの状態が大きく影響することが容易に想像される. また, 形状抵抗, 誘導抵抗も物体表面からの流れのはく離 (flow separation) に関係し, このことは同じく物体近傍の流れの状態に大きく影響される.

このような観点から, 物体近傍の流れの状態を詳細に明らかにすることは極めて重要である.

流体の運動が粘性の影響を受けない (無視してもよい) 場合, 例えば, 物体の遠方の流れ場など, には運動方程式〔例えば, 式 (1.45), (1.75), (1.80)〕中の

3.3 境界層

粘性項を無視することができる流れを理想流体（第2章）として取り扱うことが可能となる．

このようなことから，プラントル（Prandtl，1903）は流れ場を流体の粘性の影響が大きな物体近傍の薄い層の領域と，その影響が無視できる外側の領域とに分けて取り扱うことを考えた．物体近傍の薄い層の領域を境界層（boundary layer）と呼び，この領域では物体表面の法線（y）方向に大きな速度勾配（$\partial u/\partial y$）が存在するため流体の粘度が小さい場合でも摩擦応力を無視できないことになる．

この境界層の概念は，粘性流体力学の発展に大きく貢献した．

境界層の厚さ：

物体表面に沿う流れの速度分布 u は，図3.2に示すように物体表面上 $y=0$ で $u=0$，遠方で $u=U$ で0から U に漸近していく．その境は，いわゆる自由境界（free boundary）なので厳密にその位置を決めることは実際上困難である．そこで，一般に $u/U=0.99$ となる y の位置を境界と定義し，物体表面からその位置までの間を境界層，距離を境界層厚さ（boundary layer thickness）δ とする．

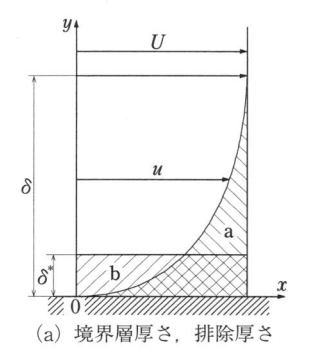

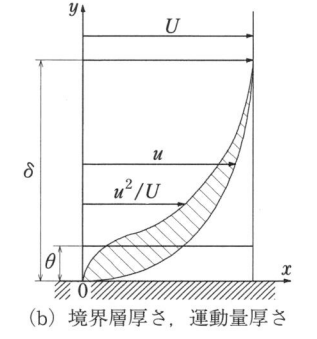

(a) 境界層厚さ，排除厚さ (b) 境界層厚さ，運動量厚さ

図 3.2　境界層

境界層の排除厚さ：

境界層の特性を表す別の量として，次の式で定義される排除厚さ（displacement thickness）δ^* がある．すなわち，

$$U\delta^* = \int_0^\delta (U-u)\,\mathrm{d}y \tag{3.12}$$

排除厚さ δ^* は，図3.2に示すように斜線部分 a に等しい面積を b としたときの大きさ（壁面からの距離）で，境界層の外の流線が境界層の形成により壁面から外の方へ押しやられる距離に相当する．

境界層の運動量厚さ：

流体と壁面との摩擦の結果，単位時間，単位深さ（z方向）当りの運動量の減少が厚さ θ の単位深さの部分を速度 U で通過する流体の運動量 $\rho U^2 \theta$ と等しいとしたときの θ を運動量厚さ（momentum thickness）という．すなわち，

$$\rho U^2 \theta = \rho \int_0^\delta u(U-u)\,\mathrm{d}y \tag{3.13}$$

ところで，運動量の減少は物体に作用する力に相当するので θ を使って流体の粘性によって生じる摩擦力（摩擦抵抗力）を求めることができる．

一般に δ を正確に求めることは困難なので，δ^* や θ を使って境界層を表記することがおこなわれる．また，境界層内の速度分布形は δ だけではわからないが，δ^* や θ がわかるとある程度それを推測することができる．

3.3.1　層流境界層

一様流中で流れと平行に平板を設置すると，平板の前縁（leading edge）から流体と壁面との間に作用する粘性せん断応力によって境界層が形成され下流に向かってその厚さが増加する（図3.3，なお，図は y 方向に拡大し模式的に書かれている）．

平板の前縁から暫くの間には流れに大きな乱れが存在しないいわゆる層流境

3.3 境界層

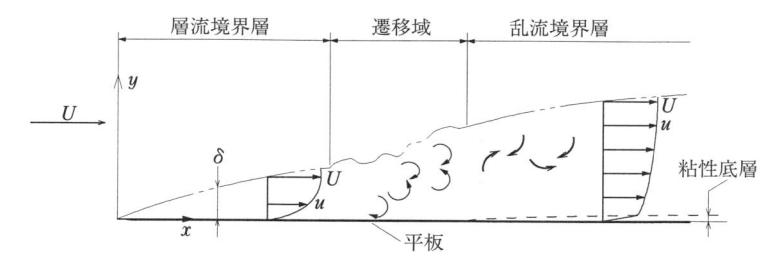

図3.3 平板上の境界層

界層(laminar boundary layer)が形成されるが,その後流れの中の微小なかく乱が増幅し遷移領域(transition region)を経て乱れの大きな乱流境界層(turbulent boundary layer)に至る.

なお,この場合,層流境界層から乱流境界層への遷移は遷移(臨界)レイノルズ数(critical Reynolds number) $Re_c = Ux/\nu \fallingdotseq 5\times 10^5 \sim 10^6$ で生じる.

3.3.2 境界層の運動方程式
(1) 層流境界層の運動方程式

図 3.4 に示す層流境界層中の検査体積(control volume) $dxdy$ (単位深さ当たり)に作用する力と運動量変化の釣合いを考え境界層に対する運動方程式を導く.

その際,流れは定常,非圧縮性で粘度は一定とし y 方向に圧力変化は無い($\partial p / \partial y = 0$)ものとする.

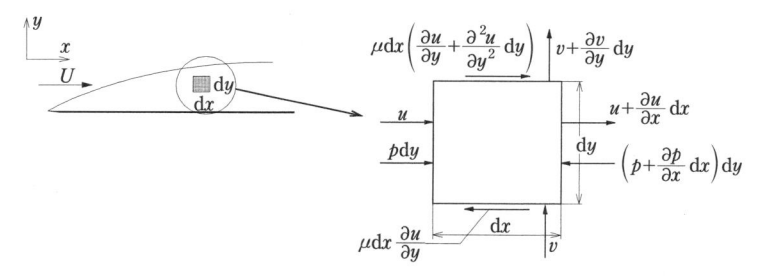

図 3.4 層流境界層中の検査体積

x 方向の運動に対するニュートンの第二法則,

$$\sum F_x = \frac{\mathrm{d}(mv)_x}{\mathrm{d}t} \tag{3.14}$$

すなわち,運動量(momentum)の時間変化分は力なので以下に検査体積についてそれを考える.

検査体積の左面から単位時間に流入する質量と運動量はそれぞれ,

$$\rho u \,\mathrm{d}y, \quad \rho u^2 \,\mathrm{d}y \tag{3.15}$$

右面から流出するそれらは,

$$\rho \left(u + \frac{\partial u}{\partial x} \mathrm{d}x \right) \mathrm{d}y, \quad \rho \left(u + \frac{\partial u}{\partial x} \mathrm{d}x \right)^2 \mathrm{d}y \tag{3.16}$$

下面から流入するそれらは,

$$\rho v \,\mathrm{d}x, \quad \rho v u \,\mathrm{d}x \tag{3.17}$$

上面から流出するそれらは,

$$\rho \left(v + \frac{\partial v}{\partial y} \mathrm{d}y \right) \mathrm{d}x, \quad \rho \left(v + \frac{\partial v}{\partial y} \mathrm{d}y \right) \left(u + \frac{\partial u}{\partial y} \mathrm{d}y \right) \mathrm{d}x \tag{3.18}$$

いま,検査体積の質量は不変なので,

$$\rho u \,\mathrm{d}y + \rho v \,\mathrm{d}x = \rho \left(u + \frac{\partial u}{\partial x} \mathrm{d}x \right) \mathrm{d}y + \rho \left(v + \frac{\partial v}{\partial y} \mathrm{d}y \right) \mathrm{d}x \tag{3.19}$$

整理すると,下記の非圧縮性流体の連続の式を得る.

$$\frac{\partial u}{\partial x} + \frac{\partial v}{\partial y} = 0 \tag{3.20}$$

つぎに,検査体積に作用する x 方向の力(圧力とせん断応力)の釣合いを考える.

検査体積の左右の面に作用する x 方向の圧力による力はそれぞれ,$p\,\mathrm{d}y$, $-[p+(\partial p/\partial x)\mathrm{d}x]\mathrm{d}y$ でその差は,

$$-(\partial p/\partial x)\mathrm{d}x\,\mathrm{d}y \tag{3.21}$$

上下の面に作用する x 方向の粘性せん断応力はそれぞれ,$-\mu(\partial u/\partial y)\,\mathrm{d}x$, $-\mu\,\mathrm{d}x[(\partial u/\partial y)+(\partial/\partial y)(\partial u/\partial y)\mathrm{d}y]$ で正味の力は,

$$\mu(\partial^2 u/\partial y^2)\mathrm{d}x\,\mathrm{d}y \tag{3.22}$$

いま,検査体積に流入,流出する x 方向の運動量の差と上述のせん断応力

と圧力による力の和とを等しくおき，その式を微分項の2乗の項を微小として無視し連続の式（3.20）を使って整理すると，以下の層流境界層に対する運動方程式（laminar boundary layer equation）を得る．

層流境界層の運動方程式：

$$\rho\left(u\frac{\partial u}{\partial x}+v\frac{\partial u}{\partial y}\right)=-\frac{\partial p}{\partial x}+\mu\frac{\partial^2 u}{\partial y^2} \tag{3.23}$$

すなわち，定常な層流境界層ではy方向の運動方程式の各項はx方向に比較し十分小さい，$u \gg v$，$\partial u/\partial y \gg \partial u/\partial x$，$\partial v/\partial y$，$\partial v/\partial x$（境界層内の流れは壁面に拘束され$y$方向に運動し難くなる）のでナビエ・ストークス運動方程式（3.1）は，式（3.23）のように簡単化される（境界層近似，boundary layer approximation）ことになる．

（2）ブラジウス（Blasius）の厳密解

ブラジウスは，層流境界層方程式（3.23）を解き境界層厚さδ，壁面せん断応力τ_w，摩擦係数C_fに対して以下の厳密解を得た．

$$\frac{\delta}{x}=5.0 Re_x^{-1/2} \tag{3.24}$$

$$\tau_w=0.664 Re_x^{-1/2}\frac{\rho U^2}{2} \tag{3.25}$$

$$C_f=1.328 Re_x^{-1/2} \tag{3.26}$$

なお，これらの結果は実験結果とよく一致する．

（3）運動量積分方程式

上記では層流境界層に対する運動方程式を示したが，ここでは層流および乱流境界層の両方に適用できる運動方程式（運動量の法則を使いKarmanによって導かれた）を示す．

図3.5に示すように，平板上の境界層の一部を囲むように検査体積A，B，C-C（単位深さ当たり）をとり前記と同様に運動量の変化と力の釣合いを考える．

検査体積の左面から単位時間に流入する質量と運動量はそれぞれ，

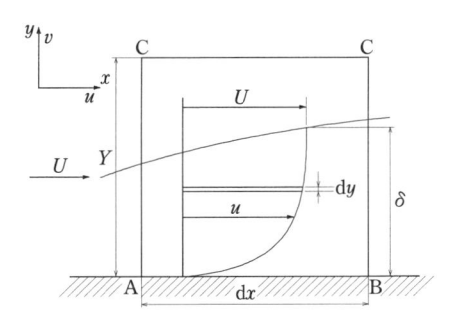

図 3.5　境界層に対する検査体積

$$\int_0^Y \rho u \, dy, \quad \int_0^Y \rho u^2 \, dy \tag{3.27}$$

右面から流出するそれらは，

$$\int_0^Y \rho u \, dy + \frac{d}{dx}\left(\int_0^Y \rho u \, dy\right) dx, \quad \int_0^Y \rho u^2 \, dy + \frac{d}{dx}\left(\int_0^Y \rho u^2 \, dy\right) dx \tag{3.28}$$

式 (3.27) と式 (3.28) の質量流量の差は検査体積の上面を通過する流量で，この流れの x 方向の運動量は，

$$U \frac{d}{dx}\left(\int_0^Y \rho u \, dy\right) dx \tag{3.29}$$

したがって，検査体積から流出する正味の運動量は，

$$\frac{d}{dx}\left(\int_0^Y \rho u^2 \, dy\right) dx - U \frac{d}{dx}\left(\int_0^Y \rho u \, dy\right) dx \tag{3.30}$$

上式の 2 番目の項は，

$$U \frac{d}{dx}\left(\int_0^Y \rho u \, dy\right) dx = \frac{d}{dx}\left(U \int_0^Y \rho u \, dy\right) dx - \frac{dU}{dx}\left(\int_0^Y \rho u \, dy\right) dx$$

$$= \frac{d}{dx}\left(\int_0^Y \rho u U \, dy\right) dx - \frac{dU}{dx}\left(\int_0^Y \rho u \, dy\right) dx \tag{3.31}$$

検査体積に働く x 方向の力は，左面に pY，右面に $[p + (dp/dx) dx] Y$，壁面にせん断応力 $-\tau_w \, dx = -\mu \, dx (du/dy)_{y=0}$ で，これらの力の和と運動量の増分を等しくおくと，次の運動量積分方程式（momentum integral equation）を

得る．

$$-\tau_w - \frac{dp}{dx}Y = -\rho\frac{d}{dx}\int_0^Y (U-u)u\,dy + \frac{dU}{dx}\int_0^Y \rho u\,dy \tag{3.32}$$

いま，流れ場の圧力を一定（$dp/dx=0$）と仮定するとベルヌーイの式から $dp/dx=-\rho U(dU/dx)$ となり，

$$\tau_w = \rho\frac{d}{dx}\int_0^{Y\equiv\delta}(U-u)u\,dy \tag{3.33}$$

この際，$Y>\delta$ では $u=U$ で被積分量がゼロとなるので $Y\equiv\delta$ とした．

したがって，境界層の速度分布 u がわかると式 (3.33) から境界層厚さ δ を求めることができる．

また，式 (3.12) と (3.13) で表される排除厚さ δ^* と運動量厚さ θ を用いると，式 (3.33) は，

$$\frac{\tau_w}{\rho U^2} = \frac{d\theta}{dx} + \left(2+\frac{\delta^*}{\theta}\right)\frac{\theta}{U}\frac{dU}{dx} \tag{3.34}$$

つぎに，境界層の速度分布 u を以下に示すプロフィール法（profile method）で表し境界層厚さ δ を求める．

（4）速度分布，境界層厚さ，および摩擦抵抗

いま，速度分布形を相似とし次の四つの境界条件，

① $y=0$ で $u=0$，② $y=\delta$ で $u=U$，③ $y=\delta$ で $\partial u/\partial y=0$，

④ 圧力勾配はないとすると，式 (3.23) から，$y=0$ で $\partial^2 u/\partial y^2=0$，

を満たす最も簡単な関数形を考えると，それは四つの任意定数 $C_1 \sim C_4$ を含む y の多項式となる．すなわち，

$$u = C_1 + C_2 y + C_3 y^2 + C_4 y^3 \tag{3.35}$$

これを境界条件の下に解くと，次の速度分布式を得る．

$$\frac{u}{U} = \frac{3}{2}\frac{y}{\delta} - \frac{1}{2}\left(\frac{y}{\delta}\right)^3 \tag{3.36}$$

上式を式 (3.32) に代入し整理すると，

$$\frac{\delta^2}{2} = 10.77\frac{\nu x}{U} + C \tag{3.37}$$

ここで，$x=0$ で $\delta=0$ なので積分定数は $C=0$

したがって，境界層厚さ δ は，

$$\frac{\delta}{x} = 4.64 Re_x^{-1/2} \tag{3.38}$$

ここで，$Re_x = Ux/\nu$

つぎに，壁面せん断応力 τ_w を摩擦係数 C_f を使って表すと，

$$\tau_w = C_f(\rho U^2/2) \tag{3.39}$$

あるいは，

$$\tau_w = \mu (\partial u/\partial y)_{y=0} \tag{3.40}$$

上式に式 (3.36)，(3.38) を用いると，

$$\tau_w = \frac{3}{2}\frac{\mu U}{\delta} = \frac{3}{2}\frac{\mu U}{4.64}\left(\frac{U}{\nu x}\right)^{1/2} = 0.647 Re_x^{-1/2} \frac{\rho U^2}{2} \tag{3.41}$$

式 (3.39)，(3.41) から局所摩擦係数 C_{fx} は，

$$C_{fx} = 0.647 Re_x^{-1/2} \tag{3.42}$$

ところで，幅 b，長さ l の平板の摩擦抵抗 D_t は，

$$D_t = \int_0^l \tau_w b\,dx = \int_0^l 0.647\left(\frac{\nu}{Ux}\right)^{1/2}\frac{\rho U^2}{2}b\,dx$$

$$= 1.29\left(\frac{\nu}{Ul}\right)^{1/2}\frac{\rho U^2}{2}bl \tag{3.43}$$

いま，$D_t = \tau_w bl$ なので，$x = 0 \sim l$ 間の平均摩擦係数は，

$$C_f = 1.29\left(\frac{\nu}{Ul}\right)^{1/2} = 1.29 Re_x^{-1/2} \tag{3.44}$$

まとめると，

<u>層流および乱流境界層</u>：

- 境界層厚さ： $\quad \dfrac{\delta}{x} = 4.64 Re_x^{-1/2} \tag{3.38}$

  ここで，$Re_x = Ux/\nu$

- 壁面せん断応力： $\tau_w = 0.647 Re_x^{-1/2} \dfrac{\rho U^2}{2}$ (3.41)

- 平均摩擦係数： $C_f = 1.29 \left(\dfrac{\nu}{Ul}\right)^{1/2} = 1.29 Re_x^{-1/2}$ (3.44)

これらの結果は層流境界層の場合，先に示した結果〔式 (3.24)～(3.26)〕と幾分異なるがこれは計算の際に用いた種々の近似の結果である．

3.3.3 乱流

平板への流入速度 U，Re 数が大きくなると，前縁から乱流境界層が生じるとして扱うと実際の結果をよく表す．乱流境界層の様子は層流のそれとは異なり速度分布をモデル的に記すと図 3.6 に示すように，平板のごく近傍に速度分布が直線的に変化する分子粘性力が支配的な粘性底層（viscous sub-layer）が，それと乱流域（turbulence region）との間に比較的強い乱れが存在するが分子粘性力も無視できない遷移域（buffer layer）が存在する．

なお，乱流域では運動量の交換は主に流れの中を不規則に運動する流体塊（fluid particle）によって行われる．流体塊の混合による輸送効率は分子運動によるそれより遥かに大きくそれを表すのに渦粘性係数（eddy viscosity）といった概念を使う．

乱流状態の流れで瞬時の速度は（簡単のため二次元の流れ場を考えると），平均速度 $\bar{u}, \bar{v}$ と変動分 u', v' の和として，

$$u = \bar{u} + u', \quad v = \bar{v} + v' \qquad (3.45)$$

このように瞬時の物理量を，平均値と変動分に分解して表す方法をレイノル

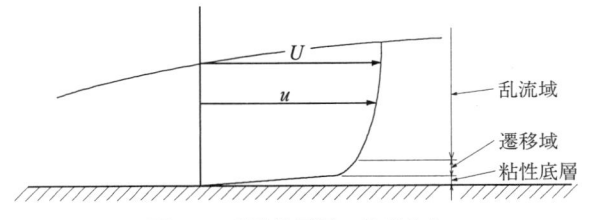

図 3.6 乱流境界層の速度分布

ズ分解という.

これらの変動分 u', v' が乱流せん断応力 (turbulent shear stress) を発生させる．いま，図3.7のA-A面を通過する瞬時の質量流量は単位面積当たり $\rho v'$ で，この流体塊の x 方向の速度変動を u' とすると，運動量流束 (momentum flux) $\rho \overline{u'v'}$ がA-A面の乱流せん断応力を表すことになる．平均乱流せん断応力として，

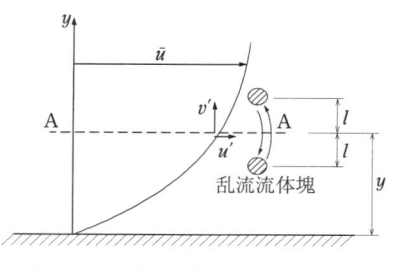

図3.7 乱流せん断応力と混合長さ

$$\tau_t = -\rho \overline{u'v'} \tag{3.46}$$

すなわち，乱流では乱れの不規則運動により τ_t が余分に作用することになる．この応力を，レイノルズ応力 (Reynolds stress) という．

ここで，運動量に対する渦拡散，粘性係数を次のように定義する．

$$\tau_t = -\rho \overline{u'v'} = \rho \varepsilon_m \left(\frac{du}{dy} \right) \tag{3.47}$$

いま，図3.7に示すように $y \pm l$ にある流体塊の挙動を考えると，そこでの速度は，

$$u(y \pm l) \fallingdotseq u(y) \pm l(\partial u / \partial y) \tag{3.48}$$

プラントルは u' を，

$$u' \fallingdotseq l(\partial u / \partial y)$$

ここで，l は流体塊が平均流と直交する方向に移動しうる平均的な距離で，混合距離 (mixing length) と呼ばれる．

とおき，u' と v' を同じ程度の大きさと仮定し式(3.46)で示されるせん断応力を，

$$\tau_t = -\rho \overline{u'v'} = \rho l^2 \left(\frac{\partial u}{\partial y} \right)^2 = \rho \varepsilon_m \left(\frac{\partial u}{\partial y} \right) \tag{3.49}$$

とし，ε_m を次式で表した．

$$\varepsilon_m \equiv l^2 \left(\frac{\partial u}{\partial y} \right) \tag{3.50}$$

また，プラントルは混合距離に対し最も簡単な仮定，すなわち，

$$l = ky \tag{3.51}$$

ここで，k は定数である．

さらに，境界層中の壁面近傍ではせん断応力はほぼ一定（$\tau_t \fallingdotseq \tau_w$）とし次式で表した．

$$\tau_w = \rho k^2 y^2 \left(\frac{\partial u}{\partial y}\right)^2 \tag{3.52}$$

これを積分すると，

$$u = \frac{1}{k}\sqrt{\frac{\tau_w}{\rho}}\ln y + C \tag{3.53}$$

この結果は，粘性底層を除き実験結果をよく表す．

3.3.4 乱流境界層
（1）乱流境界層の記述，対数速度分布

乱流におけるせん断応力 τ を層流のそれ，すなわち分子粘性 ν と乱流運動によるものとの和として表すと，

$$\tau = \rho(\nu + \varepsilon_m)\frac{\partial u}{\partial y} \tag{3.54}$$

いま，壁面近傍の流れは密度 ρ，動粘度 ν などの流体の物性値（密度 ρ，動粘度 ν）と壁面せん断応力 τ_w，壁面からの距離 y に関係すると考えられる．また，$(\tau_w/\rho)^{1/2} \equiv U_\tau$ は速度の次元をもち，これを無次元化して示すと，

$$\frac{u}{\sqrt{\tau_w/\rho}} \equiv u^+ \tag{3.55}$$

なお，U_τ は摩擦速度（friction velocity）と呼ばれる．さらに，距離 y を U_τ を使って無次元化すると，

$$\sqrt{\tau_w/\rho}\,\frac{y}{\nu} \equiv y^+ \tag{3.56}$$

これらのパラメータを用い $\tau \fallingdotseq$ 一定と仮定すると，式 (3.54) は，

$$du^+ = \frac{dy^+}{1 + \varepsilon_m/\nu} \tag{3.57}$$

いま ε_m と ν との関係は，粘性底層では $\varepsilon_m \sim 0$，遷移域では $\varepsilon_m \sim \nu$，乱流域

では $\varepsilon_m \gg \nu$ である．式 (3.57) から各領域での速度分布を求めると，

(a) 粘性底層

$\varepsilon_m = 0$ として式 (3.57) を積分すると，

$$u^+ = y^+ + C$$

ここで，$y^+ = 0$ で $u^+ = 0$ なので積分定数は $C = 0$ となる．

$$u^+ = y^+ \tag{3.58}$$

すなわち，前記したように粘性底層での速度分布は直線分布となる．

(b) 乱流域

乱流域では $\varepsilon_m/\nu \gg 1$ なので，式 (3.53) から，

$$\frac{\partial u}{\partial y} = \frac{1}{k}\sqrt{\frac{\tau_w}{\rho}}\frac{1}{y} \tag{3.59}$$

式 (3.50)，(3.51) を用いると，

$$\varepsilon_m = k\sqrt{\frac{\tau_w}{\rho}}\,y, \quad \text{or} \quad \varepsilon_m/\nu = ky^+ \tag{3.60}$$

式 (3.57) を $\varepsilon_m/\nu \gg 1$ のもとに積分すると，

$$u^+ = (1/k)\ln y^+ + C \tag{3.61}$$

遷移域についても上式と同様の結果が得られ，実験結果との比較から例えば以下の関係を得る．

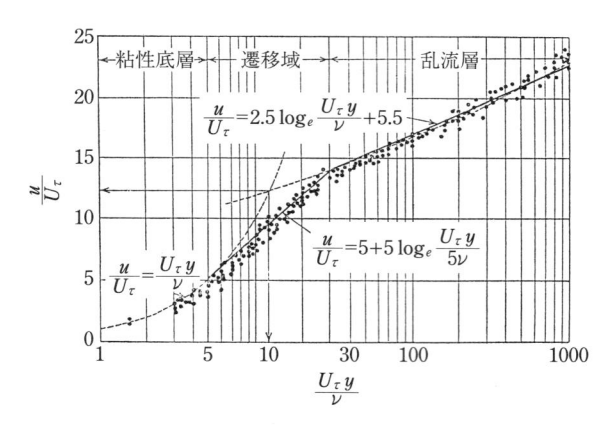

図 3.8 乱流一般速度分布

乱流境界層の対数速度分布:

$$\left.\begin{array}{llll} \cdot \text{粘性底層} & : & 0<y^+<5, & u^+=y^+ \\ \cdot \text{遷移域} & : & 5<y^+<30, & u^+=5.0\ln y^++5 \\ \cdot \text{乱流域} & : & 30<y^+<400, & u^+=2.5\ln y^++5.5 \end{array}\right\} \quad (3.62)$$

これは，乱流境界層の一般速度分布（universal velocity distribution）とも呼ばれる（図3.8）。

すなわち，図3.6に示す乱流境界層の速度分布は式(3.55)，(3.56)で示す無次元速度 u^+ と無次元距離 y^+ で表記すると図3.8の結果となる．

（2）乱流境界層の摩擦抵抗

Re 数の大きな流れが平板に流入する場合には一般に乱れが大きいなどのため，平板前縁から乱流境界層になると仮定して摩擦抵抗を求めると実験結果をよく表すことができる．

いま，平板前縁から乱流境界層が形成されると仮定し平板上の速度分布を1/7乗法則と対数法則とで表記した場合について平板の摩擦抵抗を求める．

（a）1/7乗法則による解

一般に，1/7乗法則（3.2.2項，参照）

$$\frac{u}{U}=\left(\frac{y}{\delta}\right)^{1/7} \quad (3.63)$$

は，Re 数が比較的小さい $5\times10^5<Re<5\times10^6$ で乱流境界層の速度分布をよく表す．

いま，壁面の摩擦応力は，

$$\tau_w=0.0225\rho U^2\left(\frac{\nu}{U\delta}\right)^{1/4} \quad (3.64)$$

と表されるので，式(3.33)，(3.63)から，

$$\tau_w=\rho\frac{d}{dx}\int_0^\delta\left\{U-U\left(\frac{y}{\delta}\right)^{1/7}\right\}U\left(\frac{y}{\delta}\right)^{1/7}dy=\frac{7}{72}\rho U^2\frac{d\delta}{dx} \quad (3.65)$$

式(3.64)，(3.65)から，

$$\frac{7}{72}\delta^{1/4}d\delta = 0.0225\left(\frac{\nu}{U}\right)^{1/4}dx \tag{3.66}$$

式 (3.66) を積分し，境界条件 $x=0$ で $\delta=0$，および任意の位置 x で $\delta\equiv\delta$ とを考慮すると境界層厚さ δ は，

$$\delta = 0.37\left(\frac{\nu}{U}\right)^{1/5}x^{4/5} = 0.37\left(\frac{\nu}{Ux}\right)^{1/5}x = 0.37(Re_x)^{-1/5}x \tag{3.67}$$

摩擦応力は，式 (3.65)，(3.67) から，

$$\tau_w = \frac{7}{72}\rho U^2 \frac{d\delta}{dx} = 0.0576\left(\frac{\nu}{Ux}\right)^{1/5}\frac{\rho U^2}{2} \tag{3.68}$$

実際には，実験結果を参考に次式が使用される．

$$\tau_w = 0.0592\left(\frac{\nu}{Ux}\right)^{1/5}\frac{\rho U^2}{2} \tag{3.69}$$

長さ l の平板（単位幅）に作用する摩擦抵抗は式 (3.68) を用いると，

$$D = \int_0^l \tau_w dx = 0.072\left(\frac{\nu}{Ul}\right)^{1/5}\frac{\rho U^2}{2}l \tag{3.70}$$

また，区間 $0\sim l$ の摩擦抵抗係数 C_f は式 (3.70) を用いると，

$$C_f = \frac{2D}{\rho U^2 l} = 0.072\left(\frac{\nu}{Ul}\right)^{1/5} = 0.072(Re)^{-1/5} \tag{3.71}$$

実際には，実験結果を参考に次式が使用される．

$$C_f = 0.074 Re^{-1/5} \tag{3.72}$$

(b) 対数法則による解（Prandtl による厳密解）

一般に，対数法則

$$u^+ = 2.5\ln y^+ + 5.5 \tag{3.62}$$

は，Re 数が大きい $Re > 5\times10^6$ で乱流境界層の速度分布をよく表すが，壁面上 $y=0$ で速度 u が 0 にならない．プラントルは，この矛盾を解決するため式 (3.62) を変形した速度分布式を用いて平板に対する C_f として下記の結果を求めた．

$$C_f = 0.455(\log Re)^{-2.58} \tag{3.73}$$

また，境界層厚さは，

$$\delta = 0.22[\nu/(Ux)]^{0.167} x \tag{3.74}$$

(3) 遷移を伴う場合

長さ l の平板の摩擦抵抗係数 C_f は，レイノルズ数が $Re(=Ul/\nu)<5\times10^5$ および $Re>5\times10^6$ の場合にはそれぞれ，平板全体が層流および乱流境界層で覆われているものとして，式 (3.44) および式 (3.73) で表される．

しかしながら，$5\times10^5<Re<5\times10^6$ の場合には，平板上の境界層は図 3.3 に示すように層流境界と乱流境界層とからなる．この場合，平板前縁 $x=0$ から任意の位置 $x=x$ までの摩擦抵抗は式 (3.26) を使って，

$$D_l = C_f \frac{\rho U^2}{2} x = \frac{1.328}{\sqrt{Re_c}} \frac{\rho U^2}{2} x \tag{3.75}$$

ここで，$Re_c = Ux/\nu$

また，$x=x$ から $x=l$ までの摩擦抵抗は式 (3.73) を使って，

$$D_t = C_f \frac{\rho U^2}{2}(l-x) = 0.445 \frac{\rho U^2}{2}\left\{\frac{l}{(\log Re)^{2.58}} - \frac{x}{(\log Re_c)^{2.58}}\right\} \tag{3.76}$$

したがって，$x=0\sim l$ 間の摩擦抵抗は，

$$D = D_l + D_t = \left\{\frac{1.328}{\sqrt{Re_c}} x + \frac{0.455}{(\log Re)^{2.58}} l - 0.455 x \frac{1}{(\log Re_c)^{2.58}}\right\} \frac{\rho U^2}{2} \tag{3.77}$$

$x=0\sim l$ 間の平均摩擦抵抗係数は，

$$C_f = \frac{2D}{\rho U^2 l} = \frac{1.328}{\sqrt{Re_c}} \frac{x}{l} + \frac{0.455}{(\log Re)^{2.58}} - 0.455 \frac{x}{l} \frac{1}{(\log Re_c)^{2.58}}$$

いま，$\dfrac{x}{l} = \dfrac{Ux}{\nu} \dfrac{\nu}{Ul} = \dfrac{Re_c}{Re}$ なので，

$$= \frac{0.455}{(\log Re)^{2.58}} - \frac{1}{Re}\left\{\frac{0.455 Re_c}{(\log Re_c)^{2.58}} - 1.328(Re_c)^{1/2}\right\} \tag{3.78}$$

いま，臨界レイノルズ数を $Re_c = 5.3\times10^5$ とすると次式を得る．

$$C_f = \frac{0.455}{(\log Re)^{2.58}} - \frac{1700}{Re} \tag{3.79}$$

図 3.9 に，各場合の平板の摩擦抵抗係数 C_f を示す．図中の実線は理論計算結

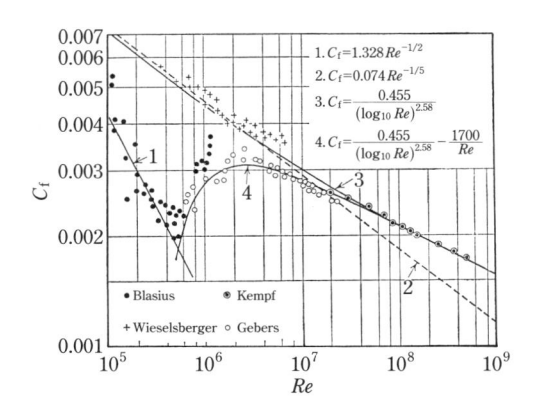

図 3.9 平板（長さ l）の摩擦抵抗係数，$Re = Ul/\nu$

果を示すが，それらは実験結果をほぼよく表す．

［例題 3-2］平板の抗力，境界層厚さ

一様流速 $U = 10$ m/s の気流中に，長さ $l = 1.5$ m，幅 $b = 1.0$ m の平板が流れに平行に置かれている．平板片面が気流から受ける抗力 D と，平板後縁での境界層厚さ δ_t を求めなさい．ただし，空気の密度は $\rho = 1.22$ kg/m^3，粘性係数は $\mu = 0.17 \times 10^{-4}$ kg/(m·s) とする．

（解）

空気の動粘性係数は，

$$\nu = \frac{\mu}{\rho} = \frac{0.17 \times 10^{-4}}{1.22} = 0.14 \times 10^{-4} \text{ m}^2/\text{s}$$

流れのレイノルズ数は，

$Re = Ul/\nu = 10 \times 1.5/(0.14 \times 10^{-4}) = 1.07 \times 10^6$

したがって，Re 数は $5 \times 10^5 < Re < 5 \times 10^6$ の範囲にあるので平板上の境界層は層流境界と乱流境界層とからなる（図 3.3）．式 (3.79) から，

$C_f = 0.455/(\log Re)^{2.58} - 1700/Re$

$= 0.455/[\log(1.07 \times 10^6)]^{2.58} - 1700/(1.07 \times 10^6) = 0.00282$

抗力 D は，

$D = C_f \rho U^2 A/2 = 0.00282 \times 1.22 \times 10^2 \times 1.5 \times 1/2 = 0.258$ N

層流から乱流への遷移 Re 数を $Re = 5 \times 10^5$ とすると，

$Re = Ux/\nu = 10 \times x/(0.14 \times 10^{-4}) = 5 \times 10^5$

$x = 5 \times 10^5 \times \nu/U = 5 \times 10^5 \times 0.14 \times 10^{-4}/10 = 0.7$ となり,遷移は平板前縁からの距離 $x = 0.7$ m のところで生じる.その際の境界層厚さ δ は式 (3.38) を使用すると,

$$\delta = 4.64\,x/Re^{1/2} = 4.64 \times 0.7/(5 \times 10^5)^{1/2} = 0.0046 \text{ m} = 4.6 \text{ mm}$$

境界層の速度分布を式 (3.36) で表すと運動量厚さ θ_c は,

$$\theta_c = \int_0^\delta \frac{u}{U}\left(1 - \frac{u}{U}\right)\mathrm{d}y = \int_0^\delta \left\{\frac{3}{2}\frac{y}{\delta} - \frac{1}{2}\left(\frac{y}{\delta}\right)^3\right\}\left\{1 - \frac{3}{2}\frac{y}{\delta} + \frac{1}{2}\left(\frac{y}{\delta}\right)^3\right\}\mathrm{d}y$$

$$= \delta\int_0^1 (1.5\eta - 0.5\eta^3)(1 - 1.5\eta + 0.5\eta^3)\,\mathrm{d}\eta \cong 0.139\delta = 0.64 \text{ mm}$$

ここで, $y/\delta \equiv \eta$

式 (3.34) で $\mathrm{d}U/\mathrm{d}x = 0$ とすると,

$\tau_w/(\rho U^2) = (\mathrm{d}\theta/\mathrm{d}x)$

これと式 (3.68) から,後縁での運動量厚さ θ は,

$$\theta = \theta_c + \int_{x_c}^x 0.0288\,(Re)^{-1/5}\mathrm{d}x = 0.64 + 1.534 \cong 2.2 \text{ mm}$$

乱流での θ と δ との関係は,式 (3.13),(3.63) から,

$$\theta = \int_0^\delta \frac{u}{U}\left(1 - \frac{u}{U}\right)\mathrm{d}y = \delta\int_0^1 \eta^{1/7}(1 - \eta^{1/7})\mathrm{d}\eta = \frac{7}{72}\delta = 0.0972\delta$$

後縁での境界厚さ δ は,

$\delta = \theta/0.0972 \fallingdotseq 22.4$ mm

なお,境界層が前縁から乱流の場合の境界層厚さは式 (3.67) から求められる.

3.3.5 境界層のはく離

上記では,流体は平板に沿って圧力一定の下に流れる場合について考察した.ここでは,例えば,翼や円柱面上の流れのように流れ方向に圧力が増加する $\mathrm{d}p/\mathrm{d}x > 0$ (逆圧力勾配,adverse pressure gradient) の場合について考える.特に,逆圧力勾配が大きいかその領域が長い場合には境界層が物体方面からはく離し逆流領域が生起することがある (図 3.10).

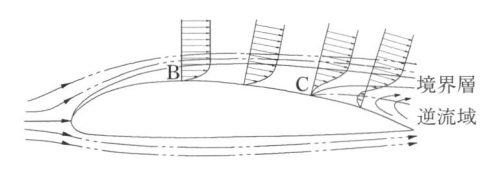

図 3.10 翼面上の境界層のはく離

図3.10に示す翼面上の流れでは，翼キャンバーの頂，点Bまで圧力勾配は負（dp/dx<0）すなわち順圧力勾配（favorable pressure gradient）で，それ以降，逆圧力勾配になり点Cで境界層がはく離し（du/dy=0），その下流で逆流領域が生起する．

翼面上で流れがはく離すると，翼の揚力が著しく低下するなどのことが生じる（3.5節，参照）．

3.4 噴流と後流

小孔（ノズルまたはスリット，nozzle or slit）から空間中に噴出する流れ，いわゆる噴流現象（jet flow），および物体の後方の流れ（後流または伴流，wake flow）は，自由および壁面せん断層（境界層）流れ（free and wall bounded shear flows），乱流，大規模渦構造（large vortex structure），その安定性と制御，など流体力学の本質的な事象を含むため流体力学的に重要で興味深いばかりでなく，実際上，多くの分野で応用，使用されている．

ここでは，噴流と後流についてその流体力学的特性を述べ，実際的な応用を簡単に示す．

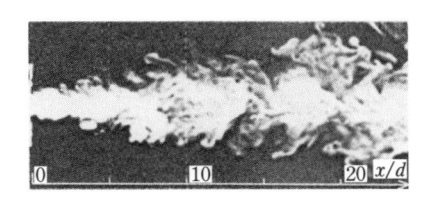

(a) 円形噴流

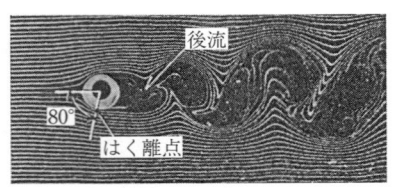

水，流速 2.4cm/s, Re=195
(b) 円柱後流，カルマン渦列[8]

図 3.11 噴流と後流（フローモデル）

3.4 噴流と後流　91

図3.11 (a), (b) にそれぞれ，円形ノズルから静止水中に噴出された水噴流，および一様流中に設置された円柱後方の流れ（後流）の染料および水素気泡による可視化写真を示す．噴流が周囲の流体と混合・拡散（運動量交換）する様子が，また，円柱の後方では円柱壁面からはく離した流れが渦領域，カルマン渦列（Karman vortex street）を形成する様子がわかる．

以下で，これらの様子を考察する．

3.4.1　噴流（自由噴流，他）

表3.1に，各種噴流現象についてその使用目的，噴流の種類などの分類例を示す．先にも述べたように，それらが多岐にわたることが理解される．

（1）自由噴流（Free jet flow）

ノズルから拘束のない広い自由空間中に噴出される噴流を自由噴流と呼び，噴流と同一流体の空間中に噴出される噴流をサブマージ噴流（submerged jet）と呼ぶ．

（a）二次元自由噴流　最も基本的な噴流現象である二次元形状のノズル（スリットまたはスロット，slit or slot）からの噴流が，無限の大きさの同一静止流体中に噴出される場合，すなわち二次元（サブマージ）自由噴流については古くから多くの研究がなされ，速度分布や大規模な渦構造など噴流が拡散・混合する様子が明らかにされている．

以下に，二次元層流および乱流噴流の速度分布を示す．

（b）層流の場合　図3.12に，二次元層流噴流の概略（フローモデル）を示す．図中，u は流れ方向（x）の速度を，ϕ は流線を示す．噴流は，実際のノズル出口 $x=0$ の手前 $x=-x_0$ の1点すなわち仮想原点から噴出し，下流に向って周囲の流体を巻き込みその幅を広げながら，また初めの速度を減少させながら流下する．

なお，仮想原点位置 x_0 は，

(i)　ノズル出口 $x=0$ での流量 Q を実際のそれとマッチング（等しく）させる，

(ii)　$x=0$ での噴流の運動エネルギーを実際のそれとマッチングさせる，

(iii)　ノズル出口が適切な流線の接線方向になる，

表3.1 各種噴流現象の分類

目的		噴流の種類
噴流現象	推力：	超音速・圧縮性噴流（ジェットエンジン，ロケットエンジン） 高速水噴流（ジェット船，ジェットスキー）
	推力制御：	ベクトル制御（ジェットエンジン，ロケットエンジン）
	混合・拡散：	自由噴流，壁面噴流，衝突噴流など 気泡噴流，プランジングジェット，マイクロバブルジェット，・キャビテーションジェット（エアレーション，カーボネーション）
	加熱・冷却：	衝突噴流，壁面噴流（膜冷却）
	断熱：	自由噴流（エアーカーテン） 壁面噴流（膜）
	燃焼火炎：	各種火炎噴流
	消火：	消防用各種水噴流
	散水：	水噴流（スプリンクラー）
	洗浄：	高圧水噴流，高圧空気噴流（ジェット洗浄）
	殺菌，滅菌，有機物の分解：	キャビテーション噴流
	噴霧：	噴霧噴流（液滴の微細化）
	保湿：	ミスト噴流
	加工：	超高圧水噴流（ジェットカッティング） 固気二相噴流（マイクロブラスト）
	掘削：	高圧水噴流（ジェットドリル）
	粉砕：	固気二相衝突噴流（ジェット粉砕）
	分級：	固気二相付着噴流（コアンダ付着噴流）
	制御：	付着噴流，衝突噴流，旋回噴流，発振噴流（フルイディクス）
	印刷：	微小液滴（インクジェット）
	ディスプレイ：	噴水，気泡噴流，旋回噴流，発振噴流

などと考えることによって，求めることができる．

　二次元層流噴流の速度分布については理論解が，シュリヒティング(Schlichting, 1933)によって求められている[26]．

二次元層流噴流の速度分布：

$$u = 0.4543 \left(\frac{K^2}{\nu x}\right)^{1/3} (1 - \tanh^2 \xi) \tag{3.80}$$

$$v = 0.5503 \left(\frac{\nu K}{x^2}\right)^{1/3} \{2\xi(1 - \tanh^2 \xi) - \tanh \xi\} \tag{3.81}$$

ここで，$\xi = 0.2752 (K/\nu^2)^{1/2} (y/x^{2/3})$,

$$K = \frac{J}{\rho} = \int_{-\infty}^{\infty} u^2 \, dy \tag{3.82}$$

u, v は x および y 方向の速度成分，J は噴流の運動量（単位深さ当たり），ρ は密度である．

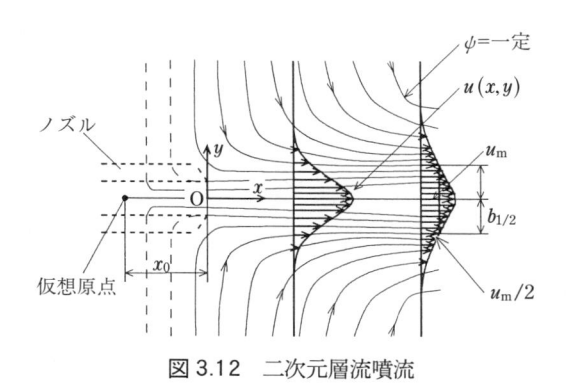

図3.12　二次元層流噴流

(c) 乱流の場合（平均流特性）　図3.13に，二次元乱流噴流のフローモデルを示す．

ノズルから出た噴流はその速度 u_0 が減衰しない領域（ポテンシャルコア，potential core）と周囲の流体と混合する領域からなる初期領域 (initial region)，遷移領域 (transition region) および相似な速度分布形を有する，いわゆる自己保存流〔self preserving flow，式 (3.89)，参照〕の発達領域 (developed region) とからなる．その際，二次元乱流自由噴流の流れ方向各断面の速度分布は図3.14, 3.15に示すように，中心線流速は図3.16に示すようになる．

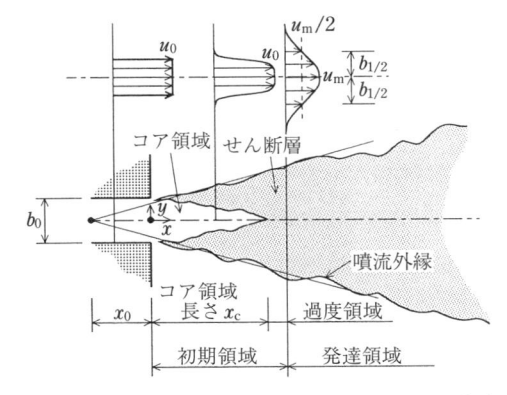

図 3.13　二次元および三次元（軸対称）円形乱流噴流

　二次元乱流噴流の速度分布は初め，トルミーン（Tollmien, 1926）が，乱流せん断応力を $\tau_l = \rho l^2 |\partial u/\partial y|(\partial u/\partial y)$，（$l$：混合距離）で表すとするプラントルの混合距離理論を使って計算している．

　また，ゲルトラー（Goertler, 1942）は二次元自由噴流の速度分布を，せん断応力式 $\tau_t = \rho \varepsilon (\partial u/\partial y)$ 中の渦粘性係数 ε を，プラントルが仮定した次の関係（プラントルの第二仮定），

$$\varepsilon = k_1 b u_c \tag{3.83}$$

ここで，k_1：定数，b：噴流幅（$\sim x$），u_c：噴流の中心線流速（$\sim x^{-1/2}$）を使って表し計算している．以下に，その詳細を示す．

プラントルの第二仮定〔式 (3.83)〕：

　式 (3.83) は，プラントルにより次のように与えられた．噴流中心での y 方向への速度勾配は $du/dy = 0$ なので，混合距離 l を $l = $ const. とすると $\varepsilon = l^2 |du/dy| = 0$ となり，噴流中心での速度分布形が実際とは異なった尖った形状となる．プラントルは，混合距離の概念は流体塊の大きさが流れの場の代表長さ（例えば，噴流幅）に比べて大きい場合には適用できず，ε を式 (3.83) で表すことを提案した．噴流の実際の速度分布は，式 (3.83) の導入によりかなり良く表すことができる．

また，解析に際し次のことを仮定した．
（i）ノズル幅は，無限小の大きさとする．
（ii）無限小幅のノズルから噴出された噴流は，相似な速度分布形を有する．
（iii）噴流軸に直角な断面を通過する運動量は一定である．
（iv）圧力勾配はない．

二次元乱流に対する運動方程式を得るため，式 (3.23) に式 (3.54) を用い $\nu \ll \varepsilon_\mathrm{m}$ とすると，

$$u\frac{\partial u}{\partial x}+v\frac{\partial u}{\partial y}=\varepsilon_\mathrm{m}\frac{\partial^2 u}{\partial y^2} \tag{3.84}$$

いま，$x=x_s$ での u_c と b をそれぞれ u_s, b_s とすると，それらは，

$$u_c=u_s\left(\frac{x}{x_s}\right)^{-1/2}, \quad b=b_s\left(\frac{x}{x_s}\right) \tag{3.85}$$

と表せ，次式を得る．

$$\varepsilon_\mathrm{m}=\varepsilon_s(x/x_s)^{1/2}$$

ただし，$\varepsilon_s=k_1 b_s u_s$

また，$\eta=\sigma(y/x)$, σ：拡散係数（=const.）とおき流れ関数 ϕ を，

$$\phi=\sigma^{-1}u_s x_s^{1/2} x^{1/2} f(\eta) \tag{3.86}$$

とすると，次の関係を得る．

$$u=\partial\phi/\partial y=u_s(x/x_s)^{-1/2}f' \tag{3.87}$$

$$v=-\partial\phi/\partial x=\sigma^{-1}u_s x_s^{1/2} x^{-1/2}(\eta f'-f/2) \tag{3.88}$$

流れ関数 ϕ〔式 (3.86)〕の導出：

上記の流れ関数 ϕ〔式 (3.86)〕は，次のように求められる．噴流の速度分布は，u と y をそれぞれ中心線流速 u_c と噴流の半値幅（速度 u が $u_c/2$ となる位置の y の値）$b_{1/2}$ で無次元化すると相似形となり次式で表される．

$$u/u_c=f(\xi) \tag{3.89}$$

ここで，$\xi=y/b_{1/2}$

実際に，噴流の発達領域での無次元速度分布は一つの代表速度 u_c と一つの代表長さ ξ で決まる，いわゆる自己保存流となる．

いま，$u_c=C_1 u_{m0}(b_0/x)^{1/2}$, $\eta=\sigma(y/x)$ とおき $f(\xi)$ の代わりに $f'(\eta)$ を用

いると,
$$u = C_1 u_{m0}(b_0/x)^{1/2} f'(\eta) \tag{3.90}$$
ここで, $\eta = \sigma C_2 \xi$, b_0 はノズル幅, u_{m0} はノズル出口最大流速である.

いま, $u = \partial \phi / \partial y$ なので流れ関数 ϕ は, 次式で与えられる.
$$\phi = \int_0^y u\,dy = \int_0^y C_1 u_{m0}\left(\frac{b_0}{x}\right)^{1/2} f'(\eta)(x/\sigma)\,d\eta = C_1 u_{m0}\left(\frac{b_0}{x}\right)^{1/2} \frac{x}{\sigma} f(\eta) \tag{3.91}$$

また, いま,
$$u_c/u_{m0} = C_1 \left(\frac{x}{b_0}\right)^{-1/2}, \quad \frac{u_c}{u_s} = \left(\frac{x}{x_s}\right)^{-1/2} \tag{3.92}$$
なので, 流れ関数 ϕ は式 (3.91), すなわち式 (3.86) で表される.

したがって, 流れ関数 ϕ の式 (3.86), および速度分布の式 (3.87), (3.88) より,
$$\frac{F'^2}{2} + \frac{FF''}{2} + \left(\frac{\varepsilon_s}{u_s x_s}\right) \sigma^2 F''' = 0 \tag{3.93}$$
ここで, 境界条件は $\eta = 0$ で $F = 0$, $F' = 1$, また $\eta = \infty$ で $F' = 0$ である.

また, ε_s は次のようにもおける.
$$\sigma = \frac{1}{2}\left(\frac{u_s x_s}{\varepsilon_s}\right)^{1/2} \tag{3.94}$$
これを式 (3.93) に代入し 2 回積分すると, 次式を得る.
$$F^2 + F' = 1 \tag{3.95}$$
上式の解は, $F(\eta) = \tanh \eta = \dfrac{1 - e^{-2\eta}}{1 + e^{-2\eta}}$ なので,
$$u = u_s \left(\frac{x}{x_s}\right)^{-1/2}(1 - \tanh^2 \eta) \tag{3.96}$$
噴流の単位深さ当たりの運動量は,
$$J = \rho \int_{-\infty}^{\infty} u^2\,dy \tag{3.97}$$
したがって,

$$J = \frac{4u_s^2 x_s \rho}{3\sigma} \tag{3.98}$$

いま，$J/\rho \equiv K$ とおくと，次の速度分布式を得る．

二次元乱流噴流の速度分布：

$$u = \left(\frac{3K\sigma}{4x}\right)^{1/2} (1 - \tanh^2 \eta) \tag{3.99}$$

$$v = \left(\frac{3K}{16\sigma x}\right)^{1/2} \{2\eta(1 - \tanh^2 \eta) - \tanh \eta\} \tag{3.100}$$

拡散係数 σ は噴流の拡がりの程度を表し，二次元乱流自由噴流の場合，ライヒャルト（Reichardt, 1942）により実験的に $\sigma = 7.67$ と求められている．

図 3.14 に，二次元乱流自由噴流の速度分布 u の実験結果の例（フェルスマン, Foerthmann, 1934）を示す．ノズル出口 $x=0$ でほぼ矩形の速度分布形（平均流速 $u_0 \fallingdotseq 35\,\mathrm{m/s}$）をもつ噴流が $x = 10\,\mathrm{cm}$ での最大流速 u_m と u_c は同一であるが，下流に行くにつれその最大流速を減衰させながら y 方向に拡散していく様子がよくわかる．

図 3.15 に，速度 u と座標 y をそれぞれ，最大流速 u_m と噴流の半値幅 $b_{1/2}$ で無次元化して示す．図中の曲線 ② は，式（3.99）による理論計算結果である．発達領域の各 x 断面での速度分布 u は相似形で一つの曲線で表され，計算

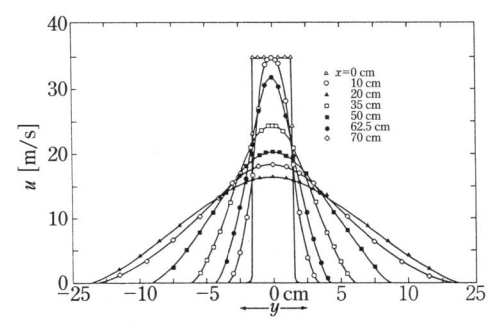

図 3.14　二次元乱流自由噴流の速度分布[26]（Foerthmann, 1934）

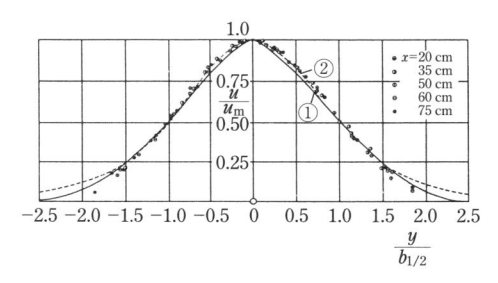

図 3.15 二次元乱流自由噴流の発達領域での無次元速度分布[26]
[測定値：by Foerthmann, 理論：curve ①; by Tollmien, ②; by Eq.(3.99)]

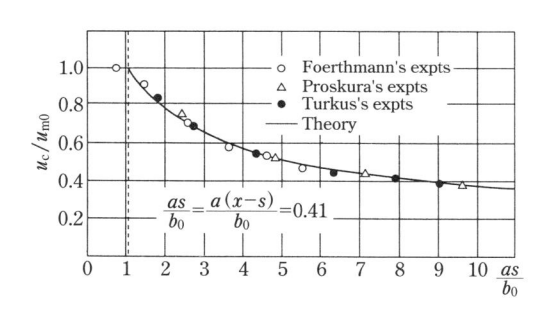

図 3.16 二次元乱流自由噴流の中心線流速[28],
$u_c/u_{m0} - aS_0/b_0$ (Abramovich, 1963)

結果は噴流の外縁部を除き実験結果をよく表すのがわかる．

図 3.16 に，二次元乱流自由噴流の中心線（最大）流速 u_c の下流方向への変化の様子を示す．

前記したように噴流は，周囲の流体を巻き込みながら下流方向に拡散していく．巻込み速度 V_e は，次式で定義される．

$$V_e = \frac{d}{dx}\int_0^\infty u\,dy = \frac{dQ}{dx} \tag{3.101}$$

Q は流量で，次式で与えられる．

$$Q(x) = \int_A u(x,y)\,dA(y) \tag{3.102}$$

(d) 乱流の場合（乱流特性） 二次元乱流自由噴流の乱流（乱れ）特性につい

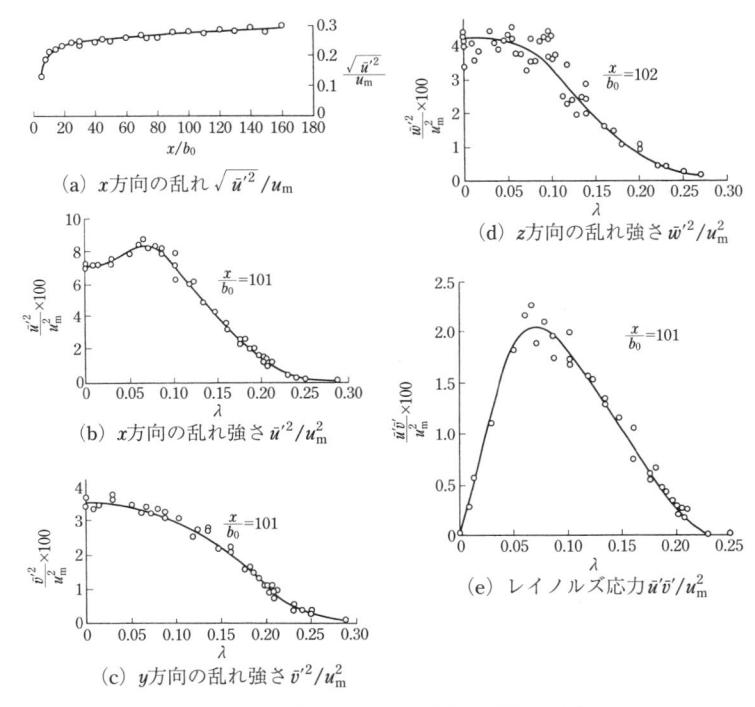

図 3.17 二次元乱流自由噴流の乱流特性[25]

ても非常に多くの測定結果があるが，図 3.17 に ヘシュケシュタット（Heskestadt, 1965）の結果の幾つかを示す［乱流構造については 6.1 節，参照］．図 3.17 (a) は，噴流中心線上の乱れ強さ u'/u_m の x 方向への変化を示しているが，$x/b_0 > 40$ で $(x/b_0)^{0.00328}$ に比例して増加していく．

図 3.17 (b) に，流れが十分に発達した下流の領域 $x/b_0 = 101$ での x 方向への乱れ強さの分布を示す．u'/u_m は，速度勾配の大きなせん断層で大きな値をとり，また，v'/u_m と w'/u_m はほぼ同様の分布形となる．

また，図 3.17 (e) に示すレイノルズ応力 $-\overline{u'v'}/u_m^2$ 分布は噴流中心で零，速度勾配の大きなせん断層で最大値をとる．

以上，主に，速度，乱れ分布について述べたが，噴流の拡がり，流量の変化，などは，表 3.2～3.4 にまとめて記した．

(2) 二次元自由せん断層，混合層

図3.18 (a) に示すように速度の異なる二つの層が平行に出会うと二つの層間の不連続面では流体が粘性を有するためお互いに混合し，下流でのせん断層（混合層）の速度分布 u は図3.18 (b) のようになる．この混合の様子は，上記と同様の方法で以下のようにあらわすことができる（ゲルトラ，Goertler, 1942).

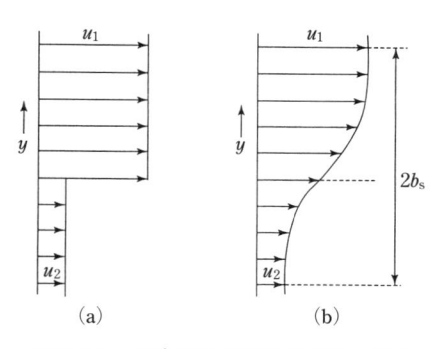

図3.18 不連続な速度面の拡散・混合

自由せん断層の運動方程式は式 (3.84) で表される．せん断層の厚さを b_s とし，$b_s = cx$ とおくと，渦粘性係数 ε は，

$$\varepsilon = Kcx(u_1 - u_2) \tag{3.103}$$

いま，流れ関数 ϕ を，

$$\phi = xUf(\eta) \tag{3.104}$$

ここで，$U = (u_1 + u_2)/2$, $\eta = \sigma y/x$ と仮定すると，次式を得る．

$$u = U\sigma f'(\eta) \tag{3.105}$$

式 (3.105) と式 (3.84)，(3.103) より，

$$f''' + 2\sigma f f'' = 0 \tag{3.106}$$

ここで，$\sigma = (Kc\lambda)^{-1/2}/2$, $\lambda = (u_1 - u_2)/(u_1 + u_2)$

境界条件は，

$\eta = \pm\infty$ で，$f'(\eta) = 1 \pm \lambda$

いま，式 (3.106) を解くため，

$$\sigma f(\eta) = f_0 + \lambda f_1(\eta) + \lambda^2 f_2(\eta) + \cdots \tag{3.107}$$

を仮定し式 (3.106) に代入して整理すると次式を得る．

$$f_1''' + 2\eta f_1'' = 0 \tag{3.108}$$

この際，境界条件は，

$\eta = \pm\infty$ で，$f_1'(\eta) = \pm 1$

式 (3.108) の解は，次の誤差関数 (erf) で与えられる．

$$f_1'(\eta) = \mathrm{erf}\,\eta \tag{3.109}$$

速度分布 u は，

二次元自由せん断層，混合層の速度分布：

$$u = \frac{1}{2}(u_1 + u_2)\left(1 + \frac{u_1 - u_2}{u_1 + u_2}\mathrm{erf}\,\eta\right) \tag{3.110}$$

図 3.19 に，ライヒャルト (Reichardt, 1942) による実験結果との比較を示す．この際，$u_2 = 0$ で，拡散係数を $\sigma = 13.5$ とすると理論計算結果と実験結果はよく一致する．

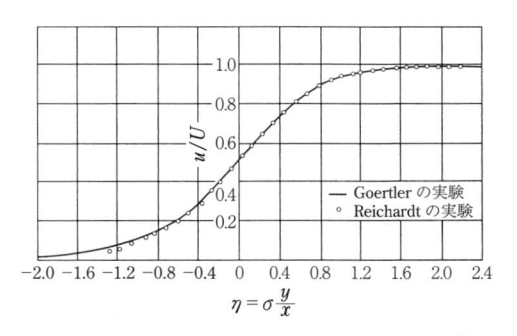

図 3.19　せん断層（混合層）内の速度分布[26]

(3) 三次元円形自由噴流

三次元（軸対称）円形自由噴流の速度分布についても，二次元自由噴流の場合と同様に以下の理論式が求められている．

(a) 層流の場合　円形層流自由噴流の速度分布に対する理論解が，シュリヒティング (Schlichting, 1933) により次のように求められている．

円形層流自由噴流の速度分布:

$$u = \frac{3}{8\pi} \frac{K}{\nu x} \frac{1}{(1+\xi^2/4)^2} \tag{3.111}$$

$$v = \frac{1}{4}\sqrt{\frac{3}{\pi}} \frac{\sqrt{K}}{2} \frac{\xi - \xi^2/4}{(1+\xi^2/4)^2} \tag{3.112}$$

ここで, $\xi = \dfrac{1}{4}\sqrt{\dfrac{3}{\pi}} \dfrac{\sqrt{K}}{\nu} \dfrac{y}{x}$,

$$K = \frac{J}{\rho} = 2\int_0^b u^2 y \, dy \tag{3.113}$$

(b) 乱流の場合 図3.13に,円形乱流噴流のフローモデルを示す.円形乱流自由噴流の速度分布(Goertler, 1942)は,

円形乱流自由噴流の速度分布:

$$u = \frac{3K}{8\pi\varepsilon_0 x(1+\eta^2/4)^2} \tag{3.114}$$

$$v = \left(\frac{3K}{16\pi x^2}\right)^{1/2} \frac{\eta - \eta^2/4}{(1+\eta^2/4)^2} \tag{3.115}$$

ここで, $\eta = \left(\dfrac{3K}{16\pi\varepsilon_0^2}\right)^{1/2} \dfrac{y}{x}$, \hfill (3.116)

$$\varepsilon_0 = 0.0161 K^{1/2} \quad \text{(by Reichardt)} \tag{3.117}$$

図3.20に,円形乱流自由噴流(図3.13)の速度分布 u の実験結果の例を示す.分布形は,$y=0$ の軸に対し対称である.

噴流は,二次元噴流の場合と同様,下流に行くにつれその最大流速を減衰させながら y 方向に拡散していく.

図3.21に,速度 u と座標 y を最大流速 u_m と噴流の半値幅 $b_{1/2}$ で無次元化して示す.各 x 断面での速度分布 u は相似形で一つの曲線で表される.

3.4 噴流と後流　103

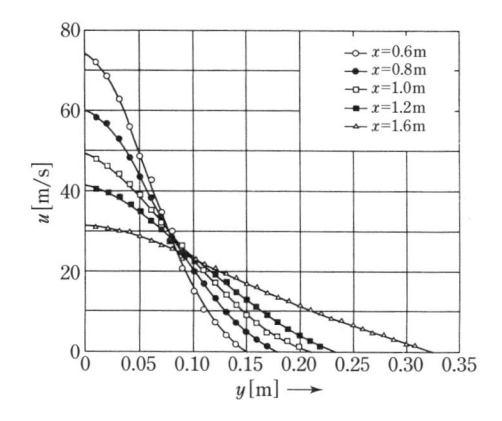

図 3.20　三次元（軸対称）円形乱流自由噴流の速度分布[25]

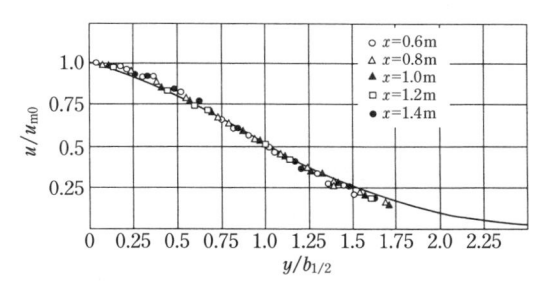

図 3.21　円形乱流自由噴流の無次元速度分布速度分布[25]

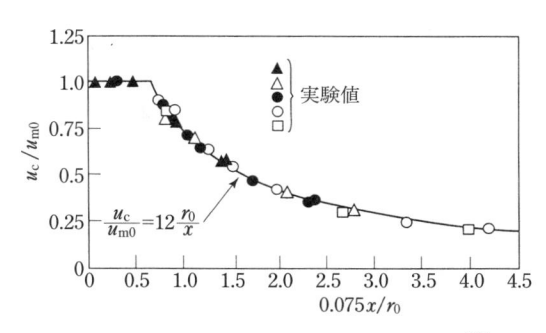

$\dfrac{u_c}{u_{m0}} = 12\dfrac{r_0}{x}$

図 3.22　円形乱流自由噴流の中心線流速[25]

表 3.2 噴流の発達[20]

流れ，flow	層流（laminar）		乱流（turnulent）	
	半値幅 $b_{1/2}$	中心線（最大）流速 u_m	半値幅 $b_{1/2}$	中心線（最大）流速 u_m
a. 平面（二次元）噴流 two-dimensional plane jet flow	$x^{2/3}$	$x^{-1/3}$	x	$x^{-1/2}$
b. 軸対称円形噴流 axisymmetric round jet flow	x	x^{-1}	x	x^{-1}
c. 平面（二次元）せん断層 plane shear layer	$x^{1/2}$	1	x	1

（注）x：ノズル出口から下流方向への距離

図 3.22 に，円形乱流自由噴流の中心線（最大）流速 u_c の下流方向への変化の様子を示す．

以上，各種自由噴流の速度分布について述べたが，ここで，同一流体の無限に大きな静止空間中に噴出される自由噴流の流動諸特性をまとめて表 3.2～3.4 に示す．

3.4.2 壁面噴流（Wall jet flow）

固体境界（壁面）に沿って噴出される噴流，いわゆる壁面噴流は境界層制御，

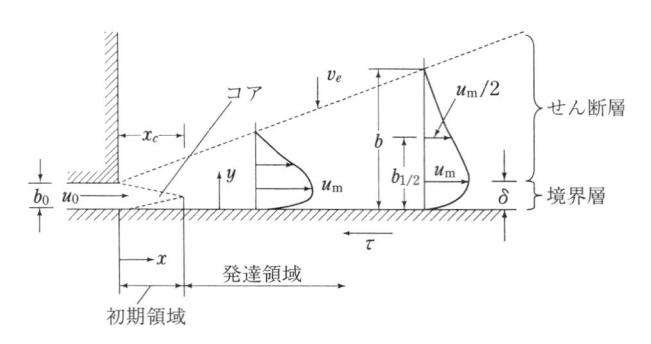

図 3.23 二次元乱流壁面噴流

表 3.3　層流噴流[20]（laminar jet flow）

噴流の流動特性 jet flow characteristics	平面（二次元）噴流 (two-dimensional) plane jet flow	軸対称円形噴流 (three-dimensional) sxisymmetric round jet flow
a. 流れ関数 ϕ stream function	$\phi = 1.651(J\nu x)^{1/3}\tan\xi$ ここで， $\xi = 0.2752(J/\nu^2)^{1/3}(y/x^{2/3})$ $J = \int u^2 dy = \text{const.}$	$\phi = \nu x \xi/1+\xi^2/4$ ここで， $\xi = 0.2443(J^{1/2}/\nu)(r/x)$ $J = 2\pi\int u^2 r dr = \text{const.}$
b. 中心線（最大）流速 u_m centerline (maximum) velocity	$0.4543(J^2/\nu x)^{1/3}$	$0.1194\{J/(\nu x)\}$
c. 流れ方向速度 u inline velocity	$0.4543(J^2/\nu x)^{1/3} \times$ $(1-\tanh^2\xi)$	$0.1194\{J/(\nu x)\}/$ $(1+\xi^2/4)^2$
d. 横方向速度 v transverse velocity	$0.5503(J\nu/x^2)^{1/2}$ $[2\xi\times(1-\tanh^2\xi)-\tanh\xi]$	$0.2443(J^{1/2}/x)(\xi-\xi^3/4)$ $/(1+\xi^2/4)^2$
e. 半値幅 $b_{1/2}$ half width	$3.203(\nu^2/J)^{1/3}x^{2/3}$	$5.269(\nu^2/J)^{1/2}x$
f. 体積流量 Q volume flow rate	$3.3019(J\nu x)^{1/3}$	$25.13\nu x$
g. レイノルズ数 $u_m b_0/\nu$ Reynolds number	$1.455(Jx/\nu)^{1/3}$	$0.6289(J^{1/2}/\nu)$
h. 臨界レイノルズ数 critical Re number	$u_0 b_0/\nu \fallingdotseq 30$	$u_0(2r_0)/\nu \fallingdotseq 1000$

（注）r_0：円形ノズルの半径，J：流れ方向への噴流の運動量流束

高温壁の膜冷却，断熱などに利用され，その流動特性を理解することは重要である．ここでは，平板に沿って流れる壁面噴流の特性について述べる．

図 3.23 に，二次元壁面噴流のフローモデルを示す．壁面噴流では，いずれの場合も平板壁面上に境界層（壁面せん断層）を，噴流の外側に自由境界（自由せん断層）を形成して流れる．両せん断層が交わるときポテンシャルコアが無くなり，この断面以降では流れは完全に発達した流れとなる．

（1）二次元壁面噴流

平板に沿って流れる二次元壁面噴流については，下記の速度分布の解析がある．

（a）層流の場合　図 3.24 に，グラウエルト（Glauert, 1956）による二次元層

表 3.4 乱流噴流[20] (turbulent jet flow)

噴流の流動特性	平面噴流	軸対称円形噴流
a. 初期領域の長さ x_c length of initial region	$6b_0$	$10r_0$
b. 中心線（最大）流速 u_m	$3.4[b_0/(2x)]^{1/2}u_0$	$12r_0u_0/x$
c. 速度分布 u/u_m velocity profile	$\exp[-57(y/x)^2]$	$\exp[-94(y/x)^2]$
d. 半値幅 $b_{1/2}$	$0.11x$	$0.086x$
e. 体積流量 Q	$0.44(2x/b_0)^{1/2}$	$0.16(x/r_0)$
f. 巻込み速度 v_e entrainment velocity	$0.053u_m$	$0.031u_m$
g. 運動エネルギー J kinetic energy	$2.6[b_0/(2x)]^{1/2}J_0$	$8.2[r_0/(2x)]J_0$

（注）$J_0:=\rho u_0^2/2$，c〜gの関係式は，$x>x_c$ の発達領域においてのみ成り立つ．

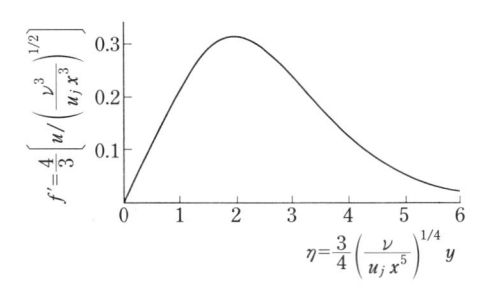

図 3.24　二次元層流壁面噴流の速度分布（Glauert, 1956）

流壁面噴流の理論速度分布を示す．

(b) 乱流の場合

(b-1) 速度分布　二次元壁面噴流の速度分布の測定は，フェルスマン (Foerthmann, 1934) によって初めて行われた．

図 3.25, 3.26にそれぞれ，フェルスマンによる二次元乱流壁面噴流の速度分布の実験結果，およびそれを最大流速 u_m と半値幅 $b_{1/2}$ で無次元化した分布を示す．発達領域の速度分布形は，ほぼ完全に相似形となり一つの曲線で表され

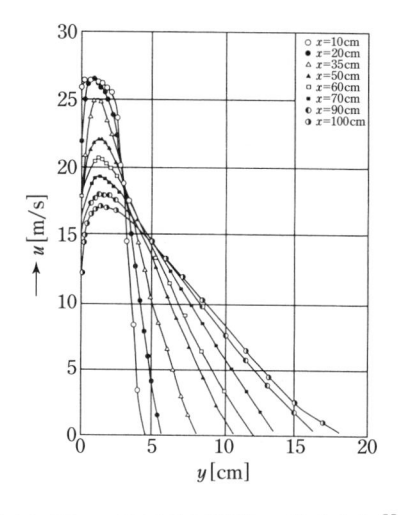

図 3.25 二次元壁面噴流の速度分布[23]（Foerthmann, 1934）

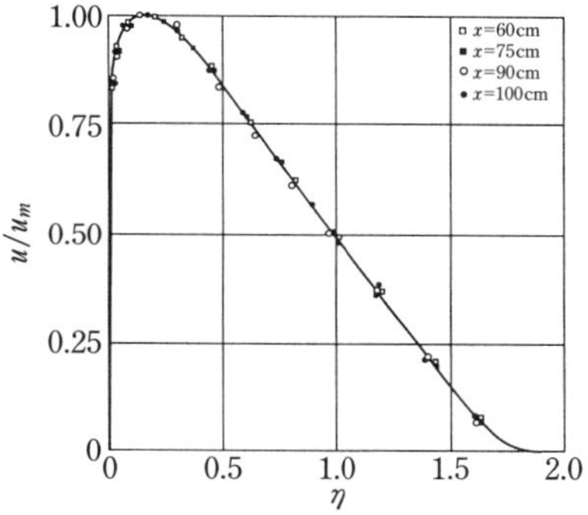

図 3.26 二次元壁面噴流の無次元速度分布[23]（Foerthmann, 1934）

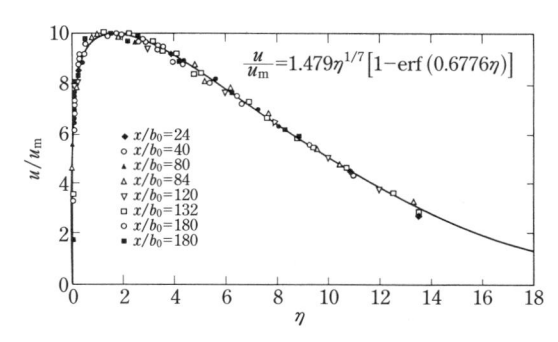

図 3.27 二次元壁面噴流の無次元速度分布[23]（Verhoff, 1963）

$$\frac{u}{u_m} = 1.479\eta^{1/7}\left[1 - \mathrm{erf}(0.6776\eta)\right]$$

る.

　従来，速度分布を表す種々の式が提案されているが，例えば，二次元乱流壁面噴流の速度分布式と実験結果を示す．

二次元乱流壁面噴流の速度分布：

　$y \geq \delta$ では，

$$\frac{u}{u_c} = \exp\left\{-0.693\left(\frac{y-\delta}{b_{1/2}}\right)^2\right\} \tag{3.118}$$

また，図3.27に，バーホッフ（Verhoff, 1963）による次の実験式,

$$u/u_c = 1.479\eta^{1/7}\{1-\mathrm{erf}(0.6776\eta)\} \tag{3.119}$$

ここで，$\eta = y/b_{1/2}$

また，図3.28に最大速度 u_m の下流（x）方向への減衰の様子を示す．u_m/u_{m0} は，$x^{-1/2}$ に比例して減衰し，次式で与えられる．

$$\frac{u_m}{u_{m0}} = 3.5\left(\frac{b_0}{x}\right)^{1/2} \quad (x/b_0 < 100) \tag{3.120}$$

(b-2) 噴流の拡がり（半値幅）　図3.29に，半値幅 $b_{1/2}$ の下流方向への変化の様子を示す．実験者により結果に幾分かの差異があるが，$b_{1/2}$ は x 方向に直線的に増加し仮想原点の位置を $x = -10b_0$ とすると次式で表される．

$$b_{1/2} = 0.068x \tag{3.121}$$

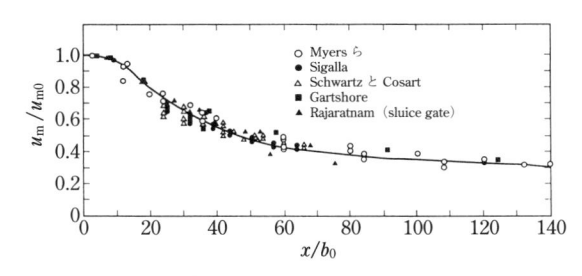

図 3.28　最大流速，二次元壁面噴流（Rajaratnam & Subramanya, 1967）

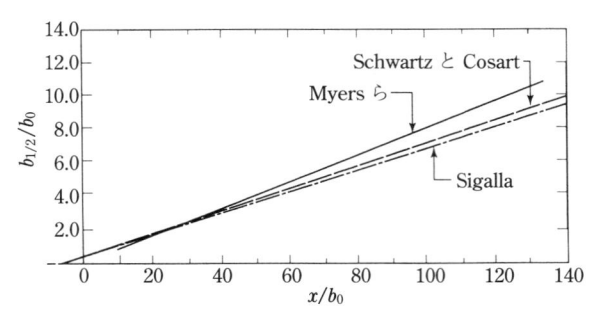

図 3.29　二次元壁面噴流の拡がり，半値幅（Rajaratnam, 1976）

二次元壁面噴流の下流方向への拡がり（半値幅）は，先に述べた二次元自由噴流のそれの約 0.7 倍である．

(b-3) 壁面摩擦応力　マイアら（Myers, et al., 1961）がホットフィルム法で測定した壁面近傍の速度分布を　クラウザー線図（Clauser's chart）に適用し壁面摩擦応力 τ_0 を求めている．τ_0 は x^{-1} に比例して減衰し（$\tau_0 \propto x^{-1}$），壁面摩擦応力係数 C_f は，

$$C_f Re_x^{1/12} \frac{x}{b_0} = 0.1976 \tag{3.122}$$

ここで，$Re_x = u_0 x / \nu$

この結果は，シガラ（Sigalla, 1958）のプレストン管（preston tube）を使って測定した実験値と約 2％異なるだけである．

(b-4) 流量，巻込み速度　なお，体積流量（単位長さ当たり）Q，および巻き込み V_e は，

$$\frac{Q}{Q_0} = 0.248 \frac{x}{b_0} \tag{3.123}$$

$$V_e = dQ/dx = 0.035 u_m \tag{3.124}$$

3.4.3　後　流

流れの中に置かれた物体の周りおよび後方の流れ（図 3.30，参照）は，境界層，流れのはく離（はく離せん断層），渦の生成，などに関連し，また，特に，物体が流れから受ける抵抗力（流動抵抗）に関連して重要である．

図 3.30 に示すように速度 U の一様流中に円柱を設置すると，円柱の前方よどみ点（岐点，stagnation point）から表面に沿って発達した境界層がある位置（はく離点，separation point）ではく離し円柱後方に速度欠損（deficit velocity）をもつ自由乱流領域（後流または伴流，wake）が形成される．自由乱流領域は，その境界で周囲流体と混合しながら流下していき速度欠損領域はやがてなくなる．このように，後流は先に述べた噴流と同様，自由乱流境界層を有する流れである．

なお，レイノルズ数が $Re = Ud/\nu \fallingdotseq 40 \sim 200$（$d$：円柱の直径）の場合には物

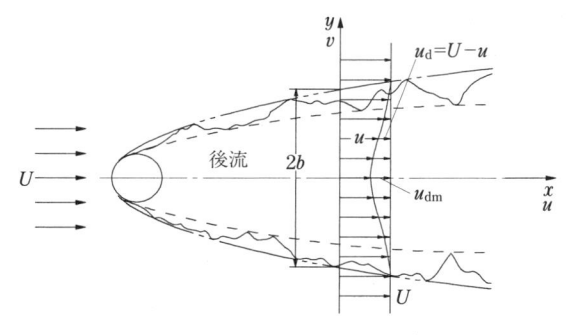

図 3.30　二次元円柱の後流

体後流に規則的な渦列，いわゆるカルマン渦列（Karman vortex street）が生起する．

（1）後流の欠損速度分布

後流の欠損速度分布 u_d を，先に述べた乱流境界層方程式（3.84）を用いて求める．

$$u\frac{\partial u}{\partial x}+v\frac{\partial u}{\partial y}=\varepsilon\frac{\partial^2 u}{\partial y^2} \tag{3.125}$$

いま，$u_d \ll U$，$v \ll U$ なので，

　　左辺第1項 $=(U-u_d)\{\partial(U-u_d)/\partial x\} \fallingdotseq -U(\partial u_d/\partial x)$

　　左辺第2項 $\fallingdotseq 0$

　　右辺 $=\partial^2(U-u_d)/\partial y^2$

これらより式（3.125）は，

$$U(\partial u_d/\partial x)=\varepsilon(\partial^2 u_d/\partial y^2) \tag{3.126}$$

渦粘性係数 ε は，噴流の場合と同じく $\varepsilon \propto b u_{dm}$ とすると，後流の半幅と最大欠損速度はそれぞれ $b=C_1 x^{1/2}$，$u_{dm}=C_2 x^{-1/2}$ と表されるので，

$$\varepsilon \propto b u_{dm}=C_1 x^{1/2} C_2 x^{-1/2}=C_1 C_2 \tag{3.127}$$

欠損速度分布 u_d も噴流の場合と同じく，

$$u_d=u_{dm}f(\eta),\quad \eta=y/b \tag{3.128}$$

とすると，次の関係を得る．

$$u_d=C_2 x^{-1/2} f(\eta) \tag{3.129}$$

$$\eta=y/(C_1 x^{1/2}) \tag{3.130}$$

式 (3.126), (3.129) から,

$$\frac{f}{2} + \eta \frac{f'}{2} + \frac{\varepsilon}{UC_1^2} f'' = 0 \tag{3.131}$$

上式中の項 $\varepsilon/(UC_1^2)$ の中の U, ε は定数で, なお C_1 は $b = C_1 x^{1/2}$ の関係で任意に決まる定数なので, いま $\varepsilon/(UC_1^2) = 1$ とおくと上式は,

$$\frac{f}{2} + \eta \frac{f'}{2} + f'' = 0 \tag{3.132}$$

いま, 境界条件,

$\eta = 0$ で, $f = 1$, $f' = 0$

$\eta = \infty$ で, $f = 0$

のもとに, 式 (3.132) を解くと,

$$f = \exp(-\eta^2/4) \tag{3.133}$$

上式と式 (3.132) から,

$$u_d = u_{dm} \exp(-\eta^2/4) \tag{3.134}$$

したがって,

$$\frac{u_d}{u_{dm}} = \exp\frac{-\eta^2}{4} = \exp\left\{\frac{-1}{4}\left(\frac{y}{b}\right)^2\right\} \tag{3.135}$$

いま, 後流の半値幅を $b_{1/2}$ とすると,

$$\frac{u_d}{u_{dm}} = 0.5 = \exp\left\{\frac{-1}{4}\left(\frac{b_{1/2}}{b}\right)^2\right\} \tag{3.136}$$

ゆえに,

$$\log_e 0.5 = -0.693 = -(1/4)(b_{1/2}/b)^2$$
$$-(1/4)(1/b)^2 = -0.693/b_{1/2}^2 \tag{3.137}$$

上式と式 (3.135) から欠損速度分布 u_d は,

<u>二次元円柱後流の速度欠損速度分布</u>:

$$\frac{u_d}{u_{dm}} = \exp\left\{-0.693\left(\frac{y}{b_{1/2}}\right)^2\right\} \tag{3.138}$$

図 3.31 に, 欠損速度分布 u_d/u_{dm} を示す. 各断面の分布形は相似で, 式 (3.

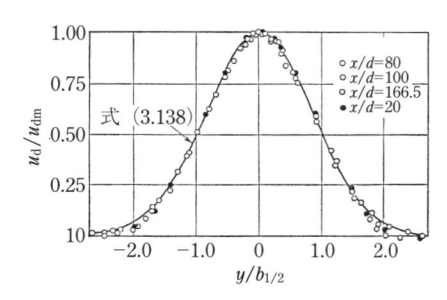

図 3.31 二次元円柱後流の欠損速度分布

138) は実験結果をよく表す.

3.5 物体の抗力(抵抗)と揚力

　静止流体中を物体が移動する，あるいは流れの中に静止物体が存在する場合，物体は流体から力（流動抵抗，flow resistance）を受ける．この力のうち，主流と平行および直角方向に作用する成分をそれぞれ，抗力（抵抗，drag or resistance），揚力（lift）と呼ぶ．なお，抵抗には以下のものなどがある（3.3節，参照）．

物体が流体から受ける抵抗：
- 摩擦抵抗（frictional drag），
- 圧力（形状）抵抗（pressure- or form- drag）の他に，
- 誘導抵抗（induced drag），
- 造波抵抗（wave drag），など

3.5.1 抗力(抵抗)
(1) 摩擦抵抗
　流体が物体表面上を流れるとき流体の粘性のため生じる抗力で，その主流方向成分を物体表面にわたって積算したものが摩擦抵抗である．

（2）圧力（形状）抵抗

物体が流れの中に置かれると，第2章で述べた理想流体の場合には流れのはく離は起こらず抵抗も生じない（ダランベールの背理，d'Alembert's paradox）．しかし，実際の流体では粘性の作用の結果，流れのはく離が起こり物体の後方に速度欠損を有する後流が生じる（3.4節，参照）．特に，レイノルズ数が $Re \fallingdotseq 40 \sim 200$ の場合には物体後流に規則的な渦列，いわゆるカルマン渦列（3.4節）が生起する．例えば，一様な速度 U の中にある直径 d の円柱からの渦発生周波数 f は実験的に次式で与えられる．

カルマン渦渦列の渦放出振動数：

$$f = 0.198 \frac{U}{d}\left(1 - \frac{19.7}{Re}\right) \tag{3.139}$$

後流での圧力は低く，物体は流体から力（抵抗力）を受けることになる．

（3）誘導抵抗

例えば，飛行機の翼端から放出される自由渦による流動抵抗である．

（4）造波抵抗

例えば，船の進行に伴い水面に波が作られること，あるいは超音速流で衝撃波が作られることよる抵抗である．

なお，これら（1）〜（4）の抵抗力は別個に作用するものではなく場合によって大小の差はあるが同時に作用する．

（5）抵抗係数

ニュートン（Newton）は，一様な速度 U の中で投影面積 A の物体が受ける抵抗力 D は，流体が粒子からなると考え運動量の法則から単位時間に物体に衝突する流体の運動量 $\rho A U^2$ に比例するものとした．比例定数を $C_d{}'$ とすると，

$$D = C_d{}'(\rho A U^2) \tag{3.140}$$

一般的には，動圧 $\rho U^2/2$ を基準にして次式で与えられる．

<u>物体が流体から受ける抵抗力</u>：
$$D = C_d A (\rho U^2 / 2) \tag{3.141}$$

言い換えれば，投影面積 A の物体に作用する動圧，すなわち流体の運動エネルギー $A(\rho U^2/2)$ のどれだけ分，すなわち C_d が抵抗 D になるかを示している．

なお，航空機の翼では，A として翼弦への投影面積を使う．

この C_d を抵抗係数（drag coefficient）と呼び，物体の形状によって異なる実験定数である．

図 3.32 に柱状物体の，また図 3.35 に三次元物体抵抗係数の例を示す．

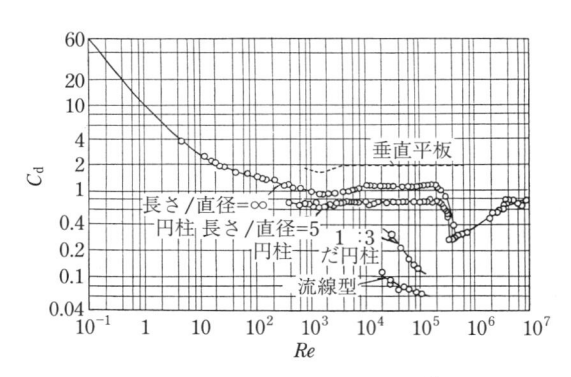

図 3.32 柱状物体の抵抗係数[8]

（6）抵抗の測定

物体の抵抗を求める方法として，物体が受ける力を直接測定するか，物体表面上の圧力分布を測定しそれを使って流れ方向への力を求めるか，あるいは後流の速度分布を測定し運動量の法則を適用するかなどがある．後者は，以下のようである．

図 3.33 に，一様流速 U，静圧 P_s の流れの中に設置された二次元物体前後の速度分布の概略を示す．物体後端近傍の断面 B-B′ での全圧は，
$$P_{tB} = P_{sB} + (\rho/2) u_b^2 \tag{3.142}$$
で，静圧 P_{sB} は物体の影響を受け一様ではない．かなり下流の断面 C-C′ での

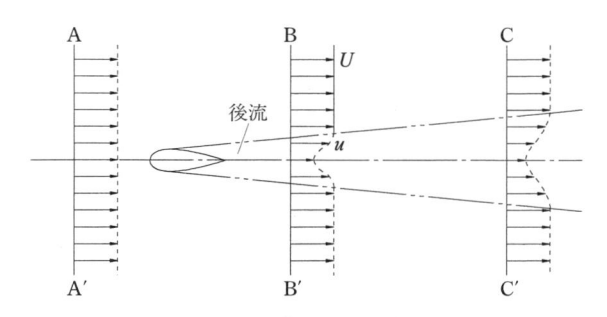

図 3.33 物体前後の流れ

静圧 P_{sC} は一様と考えられ P_s にほぼ等しい．したがって，断面 C-C′ での全圧は，

$$P_{tC} = P_s + (\rho/2) u_c^2 \tag{3.143}$$

ところで，物体の抵抗 D は断面 C-C′ の運動量欠損，

$$D = \rho \int_{C-C'} u_c (U - u_c) \, dy_c \tag{3.144}$$

として求められるが，実際には断面 B-B′ の P_{tB} を使って以下のように求められる．

いま，$\rho u_b dy_b = \rho u_c dy_c$ が成り立つので上式は，

$$D = \rho \int_{B-B'} u_b (U - u_c) \, dy_b \tag{3.145}$$

式 (3.142) より，

$$u_b = \sqrt{2(P_{tB} - P_{sB})/\rho} \tag{3.146}$$

また，$P_{tB} = P_{tc}$ とすると，

$$u_c = \sqrt{2(P_{tB} - P_s)/\rho} \tag{3.147}$$

さらに，

$$P_t = P_s + (\rho/2) U^2 \tag{3.148}$$

式 (3.145)〜(3.148) より，

$$D = 2 \int_{B-B'} \sqrt{P_{tB} - P_{sB}} \left(\sqrt{P_t - P_s} - \sqrt{P_{tB} - P_s} \right) dy_b \tag{3.149}$$

（7）円柱の抵抗

速度 U の一様流中に直交して置かれた直径 d の二次元円柱の単位長さあたりの流動抵抗 D は式（3.141）から，

$$D = C_d A \frac{\rho U^2}{2} = C_d d \frac{\rho U^2}{2} \tag{3.150}$$

円柱の抵抗係数 C_d はレイノルズ数 $Re = Ud/\nu$ の関数で，図 3.32 に実験結果を示す．$Re = (0.01 \sim 2) \times 10^5$ では，C_d はほぼ一定値（$\fallingdotseq 1 \sim 1.2$）となるが $Re \fallingdotseq 5 \times 10^5$ で境界層が層流はく離から乱流はく離に変わり $C_d \fallingdotseq 0.3$ に急減する．この Re 数を，臨界レイノルズ数（critical Reynolds number）と呼ぶ．

このように C_d 値が急減するのは，次のように説明される．$Re > 5 \times 10^5$ では，円柱の前方よどみ点から表面に沿って発達した層流境界層が乱流境界層に遷移する位置が前方に移動し，境界層内外での流体粒子の混合が促進されるため境界層内にエネルギーが供給されはく離点が後方に移動する．その結果，後流領域が縮小し抵抗すなわち C_d 値が小さくなる．

なお，円柱の流動抵抗 D は図 3.34 に示す円柱表面上の圧力分布から，前記したように，流れ方向への力を次式，

$$D = \int_A p \cos\theta \, dA \tag{3.151}$$

ここで，θ：円柱の前方よどみ点から時計回りの角度

によって求めることもできる．

図 3.34 には，理想流体，および層流，乱流の場合の結果が示されている．なお，図中の $\triangle$，$\triangledown$ 印はそれぞれ，はく離点の位置および再付着位置を示す．

これより，理想流体の場合には何らの抵抗力も働かない（ダランベールの背理，2.6.5 項，参照）ことが，また Re 数が臨界レイノルズ数 Re_c

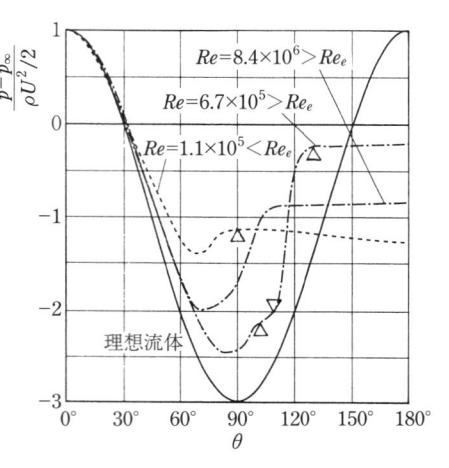

図 3.34　円柱表面上の圧力分布

($≒5\times10^5$) より小さい層流の場合に比べ不規則な変動速度成分を有する乱流の場合には，主流から境界層にエネルギーが補給されるため流れがはく離しにくくなること，などがわかる．例えば，図中の層流の場合のはく離点が $\theta ≒ 80°$ なのに対して Re 数が大きな乱流の場合のそれはかなり後方の $\theta ≒ 130°$ に移動する．また，はく離後の圧力回復は乱流の方が大きく，その結果乱流境界層の方が抵抗力が小さくなる．

（8）球の抗力

直径 d の球の抵抗は式 (3.141) で $A=(\pi/4)d^2$ として得られ，C_d 値を図3.35に示す．特に，レイノルズ数の小さい（$Re<1$）流れはストークス流れ（Stoke's flow）として知られ抵抗力と C_d 値は，

$$D = 3\pi\mu Ud$$

$$C_d = \frac{24}{Re} \tag{3.152}$$

$Re > 10^3$ で $C_d ≒ 0.44$ となり，$Re ≒ 3\times10^5$ で臨界レイノルズ数とり $C_d ≒ 0.1$ に急減する．

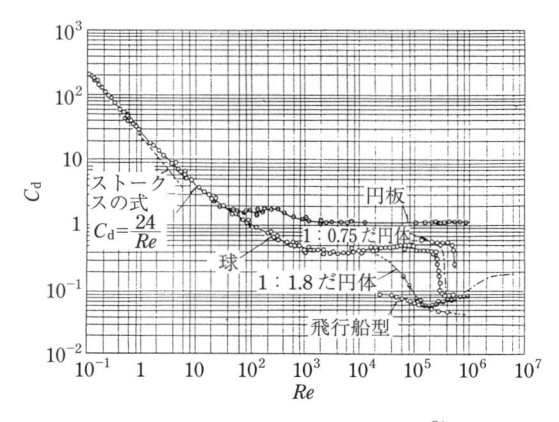

図 3.35 三次元物体の抵抗係数[8]

［例題 3-3］

質量 m，密度 ρ_s の物体が，密度 ρ_a（$<\rho_s$）の静止流体中を自由落下している．自由落下する物体の運動方程式を示し，その終端速度（terminal velocity）

を求めなさい.

(解)

物体の流動抵抗 D は式 (3.141) から $D=C_d A(\rho u^2/2)$,浮力は $(m/\rho_s)\rho_a g$ なので物体の運動方程式は付加質量などの影響を無視すると,

$$m\frac{du}{dt} = mg\frac{\rho_s - \rho_a}{\rho_s} - C_d A \frac{\rho_a u^2}{2}$$

物体は速度0で落下し始め,その後加速されたのち一定速度(終端速度)に至る.終端速度では,加速度は $du/dt=0$ なので

$$u = \left(\frac{2mg}{C_d A \rho_a}\frac{\rho_s - \rho_a}{\rho_s}\right)^{1/2}$$

$\rho_s \gg \rho_a$ の場合には,$(\rho_s - \rho_a)/\rho_s \fallingdotseq 1$ と表せ,終端速度は,

$$u = \left(\frac{2mg}{C_d A \rho_a}\right)^{1/2}$$

(9) 平板の抗力

平板の抗力については,先の3.3.2,3.3.3項の記述を参照のこと.

3.5.2 揚 力
(1) 物体に生じる揚力

いま,速度 U の一様流中に設置された半径 r の円柱が,角速度 ω で回転するときに発生する揚力 L を円柱表面上の圧力分布から求める.

なお,非粘性流体中の平板(平板翼)に発生する揚力については2.7節で述べた.

いま,流れにはく離は生じないものとして円柱の回転角速度を ω とすると,円柱表面の任意の点 (θ) における流速は,接線方向速度 $2U\sin\theta$ と周速度 $r\omega$ の和 ($=2U\sin\theta + r\omega$) となる.主流および円柱表面の任意の点の圧力をそれぞれ,p_a,p とするとベルヌーイの式から $p_a + \rho U^2/2 = p + \rho(2U\sin\theta + r\omega)^2$ となり次の関係を得る.

$$\frac{p - p_a}{\rho U^2/2} = 1 - 2\left(\frac{2U\sin\theta + r\omega}{U}\right)^2 \qquad (3.153)$$

したがって,円柱の単位幅あたりの揚力は Γ を円柱表面に沿っての循環とす

ると次式，クッタ・ジューコフスキー（Kutta-Joukowski）の式を得る（2.8節，参照）．

円柱の単位幅当たりの揚力（クッタ・ジューコフスキーの式）：

$$L = 2\int_{-\pi/2}^{\pi/2} -(p-p_a)r\,d\theta \sin\theta$$

$$= -r\rho U^2 \int_{-\pi/2}^{\pi/2} \left\{1 - 2\left(\frac{2U\sin\theta + r\omega}{U}\right)^2\right\} \sin\theta\,d\theta = 2\pi r^2 \omega \rho U$$

$$= 2\pi r u \rho U = \rho U \Gamma \tag{3.154}$$

ここで，Γ：円柱表面に沿っての循環（反時計回りを正）である．

円柱あるいは任意形状の物体に沿って時計回りおよび反時計回りの循環が存在するときにはそれぞれ，上向きおよび下向きの揚力 L（$=\rho U\Gamma$）が作用する（2.6.5項，参照）．

野球のボールなどに回転を与えるとカーブするなどはこの揚力によるものであり，これをマグヌス効果（Magnus effect）と呼ぶ．

（2）翼の揚力

（a）二次元翼　流れの中に物体を設置するとそれは流体から力（抗力 D，揚力 L およびモーメント M）を受けるが，揚力が抗力より大きくなるようにしたものが飛行機やプロペラ，タービンブレードなどで用いられる翼（wing, airfoil, blade）である．

図 3.36 に，翼の断面形状と各部の名称を示す．翼の断面形状を翼形（wing section），前縁（leading edge）と後縁（trailing edge）を結ぶ線を翼弦（chord），

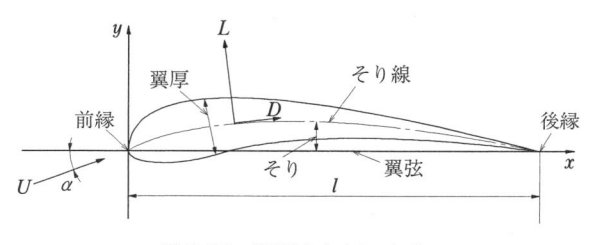

図 3.36　翼形と各部の名称

その長さを翼弦長（chord length），上面と下面の中点を結んだ線をそり線（camber line），翼弦とそり線との距離をそり（camber），そり線または翼弦に垂直な厚さを翼厚（thickness）という．翼幅（span）を B，翼の最大投影面積を A としたときの $B^2/A \equiv \lambda$ を翼の縦横比（アスペクト比，aspect ratio）という．また，翼弦と流れの方向 U とのなす角度 α を迎え角（attack angle）という．

翼の単位幅あたりに作用する力：

翼弦長を l とするとそれぞれ，

$$
\begin{aligned}
\text{抗　力} &: D = C_d l (\rho U^2/2) \\
\text{揚　力} &: L = C_L l (\rho U^2/2) \\
\text{モーメント} &: M = C_M l^2 (\rho U^2/2)
\end{aligned}
\tag{3.155}
$$

ここで，C_d，C_L，C_M はそれぞれ抗力係数（drag coefficient），揚力係数（lift coefficient），モーメント係数（moment coefficient）で，M は前縁まわりあるいは前縁から 1/4 の翼弦上点まわりの値で頭上げ方向を正

（b）平板翼　ポテンシャル流れ中の平板翼まわりの流れ，および揚力の算出については 2.8 節に記した．

（c）翼の性能　図 3.37 に，翼の性能曲線（characteristic curve）の一例を示

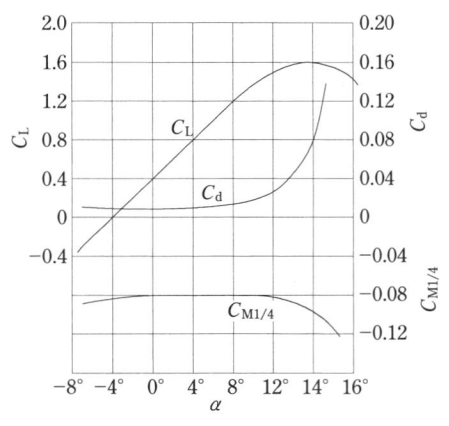

図 3.37　翼の性能曲線[24]，C_L，C_d，$C_{M1/4}$

す．揚力係数 C_L は迎え角 α の増加とともにほぼ直線的にその後ゆるやかに増加し最大（最大揚力係数）となったあと急減する．C_L が急減するのは，α が大きくなり翼面上の流れがはく離することによる．これを失速（stall），その迎え角 α を失速角（stalling angle）という．抗力係数 C_d は，ある α から急増する．

図3.38に，C_L と C_d との関係（揚抗曲線）を示す．これにより，揚抗比 C_L/C_d を最大にする迎え角 α を見出すことができる．

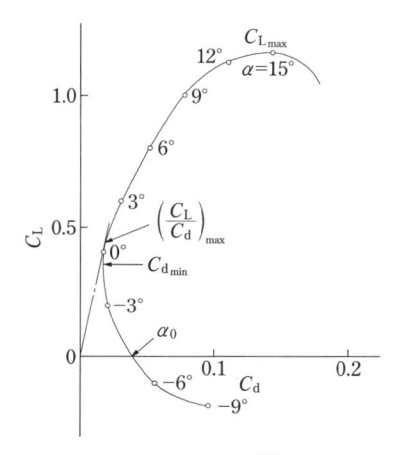

図3.38 翼の性能曲線[28]，$C_L - C_d$

(d) 三次元（有限幅）翼　飛行中の航空機の翼には，断面（形状）抗力 D_f と翼端の存在による誘導抗力 D_i が作用する．したがって，翼の全抗力 D_t は，

$$D_t = D_f + D_i = (C_{df} + C_{di})\frac{\rho U^2 B}{2} \tag{3.156}$$

ここで，C_{df}，C_{di} はそれぞれ，断面抗力係数，誘導抗力係数，B は翼幅である．

翼の揚力は翼下面の圧力が上面のそれより高いために生じるため翼端では下面から上面に向かう流れが生じる．さらに，翼端には翼端渦と呼ばれる自由渦（free vortex）が，また翼自身にはそれを循環する拘束渦（bound vortex）が生じる（図3.39）．

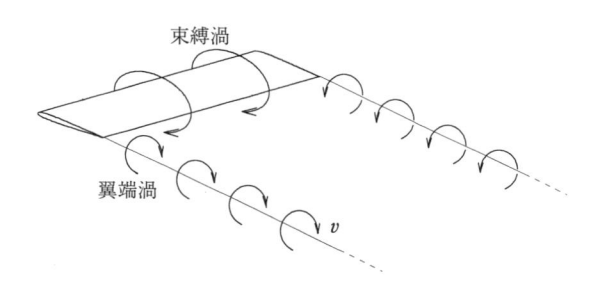

図3.39 三次元（有限幅）翼

実際には，渦は翼端からだけでなく翼全体から放出されるが同じ回転方向の渦は下流で一つにまとまり誘導速度（induced velocity）v をもつ一対の自由渦が形成される．

翼の揚力 L は，翼によって下方に押しやられる流体の質量を m とすると運動量の法則から $L=mv$ と与えられる．ここで，m は $\rho B^2 U$ に比例するので，

$$L = mv = k\rho B^2 Uv \tag{3.157}$$

ここで，k は比例定数で理論的に $\pi/4$ と求められている

ところで，二次元翼の場合の揚力は先に示したように翼幅を B とすると $L = C_L l B(\rho U^2/2)$ なので v は，

$$v = C_L U \frac{2}{\pi} \frac{l}{B} \tag{3.158}$$

流体が速度 v で下方に向かうための運動エネルギー $mv^2/2$ が誘導抵抗 D_i による仕事量 $D_i U$ に等しいとすると，

$$D_i = \pi \rho B^2 v^2/8 \tag{3.159}$$

したがって，誘導抵抗係数 C_{di} は，

$$C_{di} = \frac{C_L^2}{\pi} \frac{Bl}{B^2} = \frac{C_L^2}{\pi \lambda} \tag{3.160}$$

ここで，$\lambda = B/l$ である．

ところで，翼の十分前方および後方では誘導速度 v は無いので翼近傍でのそれは近似的に $v/2$ とあたえられる．いま，二次元翼の迎え角を α_t とすると有限幅のそれ α_f は δ だけ小さくなり揚力が減少することになる（$\alpha_f = \alpha_t - \delta$）

いま，$\delta \fallingdotseq (v/2)/U = C_L/(\pi\lambda)$ なので，

$$\alpha_t = \alpha_f + \delta = \alpha_f + C_L/(\pi\lambda) \tag{3.161}$$

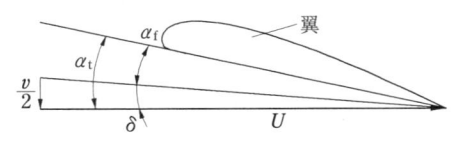

図 3.40　迎え角

すなわち，有限幅翼で二次元翼と同じ揚力係数値を得るには迎え角を $\delta = C_L/(\pi\lambda)$ だけ大きくする必要がある（図 3.40）．

第 3 章の演習問題

(3-1)

管内層流のポアズイユ流れにおいて，最大流速 $U_{\max}$ と平均流速 U_m との関係〔式 (3.8)〕を求めなさい．

(3-2)

管内乱流の速度分布が 1/7 乗側で表されるとき，$U_{\max}$ と U_m との関係〔式 (3.11)〕を求めなさい．

(3-3)

直径 d，長さ l の細管内を粘度 μ の液体が層流状態で流れている．ポアズイユ流れを仮定し，流量 Q を計測するなどして μ を求める簡易な実験装置を設計しなさい．

(3-4)

層流境界層に対する運動方程式〔式 (3.23)〕を求めなさい．

(3-5)

平板境界層の速度分布 u〔式 (3.36)〕を，四つの境界条件（壁面上 $y=0$ で $u=0$，境界層外縁 $y=\delta$ で $u=U$，$\partial u/\partial y=0$，圧力：一定）の下にプロフィール法で求めなさい．

(3-6)

平板に沿って，速度 2 m/s の気流が温度 20℃で大気圧下に流れている．平板前縁から下流方向に $x_1=10$ cm と $x_2=30$ cm の位置での境界層厚さを求めなさい．また，x_1 と x_2 間で境界層に流入する流量を求めなさい．なお，速度分布は式 (3.36) で表されるものとしなさい．

(3-7)

一様流速 $U=5$ m/s の気流中に，長さ $l=1.5$ m，幅 $b=1.0$ m の平板が流れに平行に置かれている．平板後縁での境界層厚さ δ_t と，平板片面が気流から受ける抗力 D を求めなさい．ただし，空気の密度は $\rho=1.22$ kg/m³，粘性係数は

$\mu = 0.17 \times 10^{-4}\,\mathrm{kg/(m \cdot s)}$ とする．

(3-8)

幅 b，長さ l の平板上の層流境界層の速度分布 u が2次式，$u/U = (2-y/\delta)(y/\delta)$ で与えられるものとし，前縁からの距離 x での境界層厚さ δ，摩擦応力 τ_w，摩擦抵抗係数を C_f を求めなさい．

(3-9)

平板上の乱流境界層の速度分布が1/7乗法則〔式 (3.63)〕で表されるものとし，排除厚さ δ^*，運動量厚さ θ を求めなさい．

(3-10)

円柱および球の抵抗係数 C_D 値（図 3.32, 3.35）が，$Re \fallingdotseq 2 \times 10^5$ 以上で急減している．その理由を説明しなさい．

(3-11)

投影面積 $A = 2.0\,\mathrm{m}^2$，抵抗係数 $C_\mathrm{D} = 0.25$ の物体が，速度 $u = 150\,\mathrm{km/h}$ で温度20℃の静止大気中を飛行している．物体が空気から受ける抵抗力 D とこれに対応する所要動力 W を求めなさい．空気の密度は，$\rho = 1.22\,\mathrm{kg/m^3}$ としなさい．

(3-12)

直径 d，質量 m の球形空気泡が静止水中をまっすぐ上昇している．気泡の終端速度を求めなさい．ただし，空気と水の密度をそれぞれ ρ_a, ρ_s とし，水圧の影響は無視しなさい．

(3-13)

直径 d，質量 m の球，水の入った直径 $d_\mathrm{m}(\gg d)$ のメスシリンダ，ものさし，ストップウオッチ，などを使って，球の抵抗係数 C_d を求める実験方法を説明しなさい．

(3-14)

翼弦長 $l = 2\,\mathrm{m}$，翼幅 $B = 20\,\mathrm{m}$ の長方形翼が，速度 $u = 150\,\mathrm{km/h}$ で静止大気中を飛行している．翼の揚力係数と抵抗係数をそれぞれ $C_\mathrm{L} = 0.4$, $C_\mathrm{D} = 0.05$ とし，揚力 L，抗力 D と所要動力 W を求めなさい．空気の密度は，$\rho = 1.22\,\mathrm{kg/m^3}$ としなさい．

第4章 圧縮性流体の力学

これまで，密度が一定である非圧縮流れを取り扱った．日常では空気のような気体は明らかに密度の変化が容易に生じること，音波は空気の微弱な密度の変化であることを知っており，非圧縮の流れの仮定が適用できることに限界があることをわかっている．圧縮性の影響が現れる流れ場は非圧縮とどのような違いがあり，またどのような尺度で流れ場を考えればよいのであろうか．本章では圧縮性流れ場の基本的な特性について学ぶ．

4.1 熱力学的関係式

圧縮性流れを考えるのに必要な物理量の定義を示す．

4.1.1 気体の状態方程式

完全気体（理想気体）の状態方程式：

$$p = \rho R T \tag{4.1}$$

ここで，ρ [kg/m^3] は気体の密度，p [Pa] は圧力，T [K] は絶対温度，R [J/(kg・K)] は気体定数である．

通常の圧力，温度範囲では上の状態方程式がよい近似を与える．R は気体定数と呼ばれ個々の気体の固有な値となる．このような状態方程式に従う気体は完全気体（perfect gas）あるいは理想気体（ideal gas）と呼ばれる．

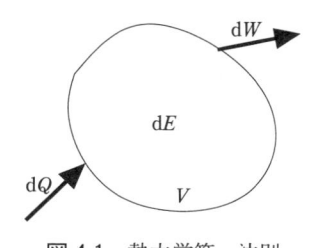

図 4.1 熱力学第一法則

4.1.2 内部エネルギーと定積比熱

いま，ある閉じた系（空間）を考える．系全体の質量を m，体積を V として，周囲から dQ [J] の熱量が加えられその結果，内部エネルギー（internal energy）が dE [J] 増加し，かつ周囲に対し dW [J] の仕事をしたとすると熱力学の第一法則より，

$$dQ = dE + dW \tag{4.2}$$

周囲への仕事が気体の膨張仕事のみで行われたとすると，

$$dW = p\,dV \tag{4.3}$$

さらにこの系全体の質量 m で除し，単位体積当たりについて示すと次式となる．

$$dq = de + p\,d\tilde{v} = de + p\,d\left(\frac{1}{\rho}\right) \tag{4.4}$$

体積を一定にして単位質量当たりの温度を 1 K 上昇させるのに必要な熱量である定積比熱（specific heat at constant volume）C_v [J/(kg・K)] は，

$$C_v = \left(\frac{dq}{dT}\right)_v = \frac{de}{dT} \tag{4.5}$$

C_v が一定の場合，$T=0$ で $e=0$ とすると内部のエネルギー e は次式を得る．

$$e = C_v T \tag{4.6}$$

4.1.3 エンタルピーと定圧比熱

エンタルピー（enthalpy）は状態量を表す指標の一つで，圧力一定の条件下では系のもつエネルギーと考えられ，次式で定義される．

$$h = e + \frac{p}{\rho} \tag{4.7}$$

式 (4.4) をエンタルピーを用いて書き換えると次式を得る．

$$dq = dh + \frac{1}{\rho}dp \tag{4.8}$$

圧力を一定にして単位質量当たりの温度を 1 K 上昇させるのに必要な熱量である定圧比熱 C_p [J/(kg・K)]（specific heat at constant pressure）は，

$$C_p = \left(\frac{dq}{dT}\right)_p = \frac{dh}{dT} \tag{4.9}$$

C_p が一定の場合，$T=0$ で $h=0$ とするとエンタルピー h は次式となる．

$$h = C_p T \tag{4.10}$$

4.1.4 比　熱

比熱 (specific heat) は単位質量当たりの温度を単位温度上昇させるのに必要な熱量で，SI単位で [J/(kg・K)] と表される．

完全気体の仮定が成立するとき，式 (4.1)，式 (4.4)，式 (4.6) から以下の関係を得る．

$$R\,dT = d\left(\frac{p}{\rho}\right) = \frac{1}{\rho}dp + p\,d\left(\frac{1}{\rho}\right) = \frac{1}{\rho}dp + dq - de = \frac{1}{\rho}dp + dq - C_v\,dT \tag{4.11}$$

C_p の定義より，式 (4.11) から次式を得る．

$$\left(\frac{dq}{dT}\right)_p = C_p = R + C_v \tag{4.12}$$

比熱比 (ratio of specific heat) $\kappa = C_p/C_v$ を定義すると，完全気体の場合，C_p と C_v は

$$C_p = \frac{\kappa R}{\kappa - 1}, \quad C_v = \frac{R}{\kappa - 1} \tag{4.13}$$

4.1.5 等エントロピー変化

エントロピー (entropy) s は系の統計力学的な乱雑さを表す量で，その変化 ds は次式で定義される．

$$dq = T\,ds \tag{4.14}$$

ここで，式 (4.4) から，

$$ds = C_v\frac{dT}{T} - R\frac{d\rho}{\rho} = C_v\frac{dp}{p} - C_p\frac{d\rho}{\rho} \tag{4.15}$$

$$(\because dp = RT\,d\rho + \rho R\,dT)$$

等エントロピー (isentropic) 的に変化したとすると $ds = 0$ となるので，

$$C_v\frac{dT}{T} = R\frac{d\rho}{\rho}, \quad C_v\frac{dp}{p} = C_p\frac{d\rho}{\rho} \tag{4.16}$$

式 (4.16) を利用して積分すると次の等エントロピー関係を得る．

等エントロピー関係:

$$\frac{\rho}{T^{1/(\kappa-1)}} = \text{const}, \quad \frac{p}{\rho^{\kappa}} = \text{const}, \quad \frac{p}{T^{\kappa/(\kappa-1)}} = \text{const} \tag{4.17}$$

4.2 音速とマッハ数

これまで流体は縮まないのものとして,圧力が変化しても流体の体積が変化しないか,あるいは無視できると仮定した.液体の場合は(圧力波を考える場合を除き)一般には圧縮性を無視することができる.しかし,気体の場合は必ずしも圧縮性を無視することができない.この圧縮性の影響を考える場合,音波(sound wave)の速度である音速(sound speed)ならびにマッハ数が重要な指標となる.

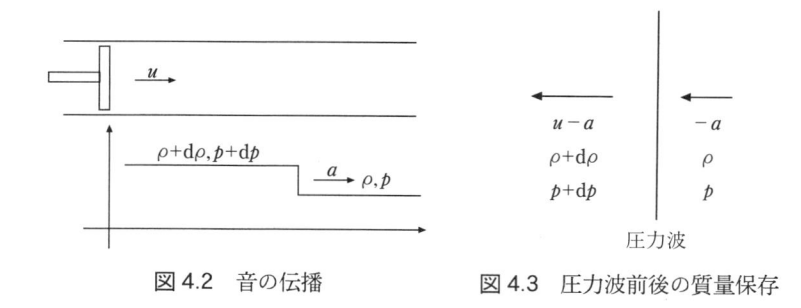

図4.2 音の伝播

図4.3 圧力波前後の質量保存

4.2.1 音 速

いま,管内にピストンが置かれた場合を考える(図4.2,参照).管内の流れは静止しており,ある瞬間からピストンが微小速度 u で移動し始めたとするこのとき,ピストン前面の圧力,密度はそれぞれ dp, $d\rho$ 上昇する.この圧力の変化が速度 a,すなわち,圧力波の伝播速度である'音速'で伝わる.図4.3に示すように圧力波の伝播速度で移動して考えると,圧力波の到達している位置では速度がゼロでその右側では速度が $-a$ その左側では速度が $u-a$ となる.

ここでも質量が保存されなければならないので,

$$-a\rho = (\rho + \mathrm{d}\rho)(u - a) \tag{4.18}$$

となり微小量の2乗を無視すると,

$$a\,\mathrm{d}\rho = u\rho \tag{4.19}$$

さらに運動量の保存を考えると,

$$\mathrm{d}p = \rho a[a - (a - u)] \rightarrow \mathrm{d}p = \rho a u \tag{4.20}$$

u を消去すると,

$$a^2\,\mathrm{d}\rho = \mathrm{d}p \rightarrow a = \sqrt{\frac{\mathrm{d}p}{\mathrm{d}\rho}} \tag{4.21}$$

音波は微小変化でかつ急速な現象変化であることから等エントロピー変化〔式 (4.17), 参照〕を仮定すると,

$$p\rho^{-\kappa} = \mathrm{const} \rightarrow \frac{\mathrm{d}p}{\mathrm{d}\rho} = \kappa \frac{p}{\rho} \tag{4.22}$$

から音速 a は次式で定義される.

音速：

$$a = \sqrt{\kappa \frac{p}{\rho}} = \sqrt{\kappa R T} \tag{4.23}$$

(注) 縮まない流れは圧力の変化はあるが密度の変化は生じないので $\mathrm{d}\rho/\mathrm{d}p = 0$ となる. このことから音速は無限大となるかあるいはそれ相当の極めて大きな速度になることが仮定されている. すなわち縮まない流れでは発生した圧力変動は瞬間的に流れの全領域に変化が伝わることになる.

[例題 4-1] 空気中の音速

20℃, 50℃での空気中の音速 a_{20}, a_{50} を求めなさい. ただし, 気体定数は $R = 287\,\mathrm{J/(kg \cdot K)}$, 比熱比は $\kappa = 1.4$ とする.

(解)
$T_{20} = 293.15\,\mathrm{K}$, $T_{50} = 323.15\,\mathrm{K}$ と式 (4.23) から, 音速は $a_{20} = 343\,\mathrm{m/s}$, $a_{50} = 360\,\mathrm{m/s}$ となる.

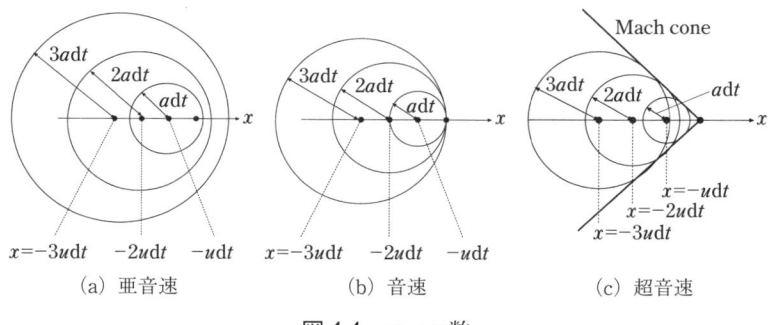

図 4.4 マッハ数

4.2.2 マッハ数
(1) マッハ数の定義

圧縮性の影響を考える際の一つの目安としてマッハ数 (Mach number) がある．マッハ数は流れの速度 u とその点における音速の比で表される．

マッハ数：

$$M = \frac{u}{a} \tag{4.24}$$

マッハ数により流れの様子は大きく異なる．速度 u で移動する物体からかく乱が発生し周囲へ音速で広がる波面を考える．速度 u で物体が右側へ移動するとき，dt 時間前に物体から発せられた波は物体が $-udt$ の位置にあるとき発せられたので，波面はそこを中心として，adt の半径を持つ球面状の波面となる．

(a) マッハ数が1以下の場合〔$a>u$，図 4.4 (a)，参照〕，物体はこの波面の内側に存在する．

(b) マッハ数が1の場合〔$a=u$，図 4.4 (b)，参照〕，物体は以前に発生した波面の端に位置する．物体の上流側に波は伝わらず下流側にのみ伝播する．

(c) マッハ数が1を越える場合〔$a<u$，図 4.4 (c)，参照〕，波面の伝わる速度よりも物体の移動速度が速いので，上流側だけではなく下流側にもかく乱

の伝わる領域が制限される．図に示すように各時刻での波面の包絡面は物体の位置を頂点とする円錐面となる．この包絡面をマッハ円錐（Mach cone）と呼ぶ．またこの円錐の半頂角は図から

$$\sin\alpha = \frac{a}{u} = \frac{1}{M} \tag{4.25}$$

この角度 α を，マッハ角（Mach angle）と呼ぶ．

（2）マッハ数による流れの分類

移動する物体近傍における現象の違いから流れは次のように分類される．

(a) 非圧縮流れ（$M<0.3$）

マッハ数が充分に小さい流れでは密度変化は $d\rho/\rho = 0.5M^2$ で近似できる．工学的には $d\rho/\rho<0.05$ すなわち5％程度の密度変化は無視できるものと考える．これは $M<0.3$ に相当する．

(b) 亜音速流れ（$0.3<M<0.8$）

マッハ数が1より小さい流れ領域を指す．後述の衝撃波が発生する臨界状態の範囲は $M=0.8$ と考えられている．

(c) 遷音速流れ（$0.8<M<1.2$）

亜音速流れと超音速流れの領域が共存する流れで，一般には衝撃波の発生が起こる．

(d) 超音速流れ（$1.2<M<5$）

マッハ数が1より大きい流れのことをいうが，流れ場の全域が超音速状態で衝撃波が生じる．

(d) 極超音速流れ（$5<M$）

マッハ数が5を超えると気体の運動エネルギーが全エネルギーに対し大きな割合を占める．内部エネルギーの大きな変化が生じ完全気体としての取扱いができなくなる．

［例題4-2］圧縮性の影響

輸送機器の設計において時速何 km 以上になれば圧縮性の影響を考えなければならないか．

(解)

$M = 0.3$ を目安として音速を $a = 343 \, \text{m/s}$ とすると,
$u = Ma = 103 \, \text{m/s} = 370 \, \text{km/h}$
以上となる.

4.3 一次元流れ

4.3.1 断熱流れ

圧縮性の影響が生じる高速流れにおいて周囲との摩擦の結果生じる内部エネルギーの変化は流れ場全体に及ばず,断熱的である.例えば,後述のノズル内流れはそれにあたる.ここでは,一次元の定常な断熱的な流れに対する関係式を導く.

一次元断熱流れ(定常):

連続の式:$\rho_1 u_1 S_1 = \rho_2 u_2 S_2 = \rho u S = \text{const}$ (4.26)

エネルギー式:
$$\frac{u_1^2}{2} + h_1 = \frac{u_2^2}{2} + h_2 = \frac{u^2}{2} + h = \text{const} = h_0 \tag{4.27}$$

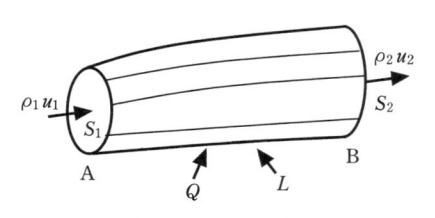

図 4.5 流管の流れ

図 4.5 に示す定常な細い流管(流線で囲まれた管)を考える.流れ方向に直交する断面内の流速は一様で,流管を横切る流れはない.

(1) 連続の式の導出

定常の場合,流管上を通過する質量流量(体積流量ではないことに注意)は一定になる.質量保存の式から,

$$\mathrm{div}(\rho\boldsymbol{u}) = 0 \tag{4.28}$$

体積積分し発散定理を適用すると，

$$\int_V \mathrm{div}(\rho\boldsymbol{u})\,\mathrm{d}V = \int_S \rho u_n \,\mathrm{d}S = -\rho_1 u_1 S_1 + \rho_2 u_2 S_2 = 0 \tag{4.29}$$

ここで，u_n は考える体積を取り囲む表面の外向き法線速度である．

流管を考えているので側面を突き抜ける流れはなく側面に関する表面積分項はゼロである．u_n は領域の外向きを法線方向を正とするので，断面1では符号にマイナスがつく．

(2) エネルギー式の導出

図4.5に示す断面AとBの場所でのエネルギーについて考える．図中の記号Q は区間ABの間に，単位時間当たり外部から流体に与えられた熱的エネルギー，L は力学的エネルギーを示している．ここで，Q, L が無視できるとすると式(1.65)より定常な場合のエネルギー式は次式になる．

$$\mathrm{div}[\rho(e+K)\boldsymbol{u}] + \mathrm{div}(p\boldsymbol{u}) = 0$$

積分し発散定理を適用すると，

$$\int_V \mathrm{div}[\rho(e+K)\boldsymbol{u} + p\boldsymbol{u}]\,\mathrm{d}V = \int_S [\rho(e+K) + p]u_n\,\mathrm{d}S$$

$$= -[\rho_1(e_1+K_1) + p_1]u_1 S_1 + [\rho_2(e_2+K_2) + p_2]u_2 S_2 = 0 \tag{4.31}$$

$$[\rho_1(e_1+K_1) + p_1]u_1 S_1 = [\rho_2(e_2+K_2) + p_2]u_2 S_2 \tag{4.32}$$

式(4.26)より，

$$e_1 + K_1 + \frac{p_1}{\rho_1} = e_2 + K_2 + \frac{p_2}{\rho_2} = e + K + \frac{p}{\rho} \tag{4.33}$$

エンタルピー(enthalpy) h と $K = u^2/2$ より式(4.27)を得る．h_0 は $u=0$ のときのエンタルピーで全エンタルピー(total enthalpy)という．この式から，外部とのエネルギーの授受がない場合，流管上，あるいは流線上では全エンタルピーは一定となる．

これまでの熱力学的関係式から一次元断熱流れについて次の関係が得られる．

断熱よどみ点温度あるいは全温度(total temperature) T_0 :

$$\frac{u^2}{2} + C_p T = \text{const} = C_p T_0 \tag{4.34}$$

$$T_0 = T\left(1 + \frac{u^2}{2C_p T}\right) = T\left(1 + \frac{\kappa-1}{2}\frac{u^2}{a^2}\right) = T\left(1 + \frac{\kappa-1}{2}M^2\right) \tag{4.35}$$

臨界状態(M が1となるところ)量:T_c, u_c, a_c

$$T_c = \frac{2}{\kappa+1}T_0, \quad u_c = a_c = a_0\sqrt{\frac{T_c}{T_0}}, \quad a_0 = \sqrt{\kappa R T_0} \tag{4.36}$$

式(4.34)〜(4.36)から,例えば高速で飛翔する物体の先端におけるよどみ点(静止状態)の温度を算出する,あるいは静止状態から断熱的に変化し臨界状態に達するときの熱力学的関係を求めることができる.

[例題4-3] 流管の運動量

図4.5の定常な細い流管の流れにおける運動量の式を求めなさい.
(解)
粘性による影響は無視しているのでオイラーの運動方程式が支配方程式となる.例題2-1の結果を利用し,

$$\rho\frac{1}{2}\frac{du^2}{ds} = \rho u\frac{du}{ds} = \frac{d\rho u u}{ds} = -\frac{dp}{ds} \quad \left(\because \frac{d\rho u}{ds}\right) \tag{1}$$

$$\rho u^2 + p = \text{const} \tag{2}$$

4.3.2 等エントロピー流れ
(1) 流れの関係式

断熱流れを仮定しても摩擦や後述の衝撃波の発生に関連して力学的エネルギーが熱エネルギーに変換されるのでエントロピーは変化(増大)する.しかし,エントロピーの変化が無視できるような流れでは,等エントロピー流れとして取り扱うことが可能である.例えば後述のノズル内の流れではタンク内の流体が静止状態から加速しノズルから噴出する.よどみ点状態(静止状態)を

添え字 '0' を用いて表すと等エントロピー関係式 (4.17) より,

一次元等エントロピー流れの関係式〔式 (4.35) を利用〕は,

$$\frac{\rho}{\rho_0} = \left(\frac{T}{T_0}\right)^{1/\kappa-1} = \left(1 + \frac{\kappa-1}{2}M^2\right)^{-1/(\kappa-1)} \tag{4.37}$$

$$\frac{p}{p_0} = \left(\frac{T}{T_0}\right)^{\kappa/\kappa-1} = \left(1 + \frac{\kappa-1}{2}M^2\right)^{-\kappa/(\kappa-1)} \tag{4.38}$$

$$u = \sqrt{2C_p T_0\left(1 - \frac{T}{T_0}\right)} = \sqrt{\frac{2\kappa}{\kappa-1}\frac{p_0}{\rho_0}\left[1 - \left(\frac{p}{p_0}\right)^{(\kappa-1)/\kappa}\right]} \tag{4.39}$$

また,連続の式からマッハ数と断面積の変化の関係は次式で示される.

マッハ数と断面積の変化の関係:

$$\frac{dS}{S} + \frac{du}{u}(1-M^2) = 0 \tag{4.40}$$

式 (4.40) の導出:

等エントロピーの流れを仮定するとエネルギー式は不要となり,等エントロピーの式がその代わりになる.そのため,流れを記述するには運動方程式が必要になる.

$$u\frac{du}{ds} = -\frac{1}{\rho}\frac{dp}{ds} \tag{4.41}$$

と式 (4.21) から

$$u\,du + a^2\frac{d\rho}{\rho} = 0 \tag{4.42}$$

ここで断面積 S の変化する一次元流れを考えると,$\rho u S = \text{const}$ よりその全微分をとると,

$$\frac{d\rho}{\rho} + \frac{du}{u} + \frac{dS}{S} = 0 \tag{4.43}$$

となり,上式を得る.

[例題4-4] 等エントロピー流れでのエネルギー式

等エントロピー流れではエネルギー式は不要になる．なぜか，その理由を示しなさい．

(解)

粘性や熱伝導がすべて無視できるとすると内部エネルギーの支配方程式 (1.68) から，

$$\rho \frac{\mathrm{D}e}{\mathrm{D}t} = -p\nabla\cdot u = \frac{p}{\rho}\frac{\mathrm{D}\rho}{\mathrm{D}t} \quad \left(\because \frac{\mathrm{D}\rho}{\mathrm{D}t} = -\rho\nabla\cdot u\right) \tag{1}$$

$$\frac{\mathrm{D}e}{\mathrm{D}t} - \frac{p}{\rho^2}\frac{\mathrm{D}\rho}{\mathrm{D}t} = \frac{\mathrm{D}e}{\mathrm{D}t} + p\frac{\mathrm{D}}{\mathrm{D}t}\left(\frac{1}{\rho}\right) = 0 \tag{2}$$

このときエントロピー s は，

$$\frac{\mathrm{D}s}{\mathrm{D}t} = \frac{1}{T}\frac{\mathrm{D}q}{\mathrm{D}t} = \frac{1}{T}\left[\frac{\mathrm{D}e}{\mathrm{D}t} + p\frac{\mathrm{D}}{\mathrm{D}t}\left(\frac{1}{\rho}\right)\right] = 0 \tag{3}$$

上式は流れに沿ってエントロピーが一定であることを示し，エネルギー式の代わりに等エントロピー関係式が利用できる．

(2) ノズル内での流れと断面積の関係

式 (4.40) の関係式を利用するとノズル内での流れの関係を考察することができる．

(a) マッハ数が1以下の場合〔図 4.6 (a)，参照〕

流路断面積が広がっていくとき $\mathrm{d}S>0$ なので $\mathrm{d}u<0$，また逆に $\mathrm{d}S<0$ では $\mathrm{d}u>0$ となり，非圧縮流れの際のベルヌーイ式から得られる結論と同様，断面積が広くなれば減速し，逆に断面積が狭まれば増速する．

(b) マッハ数が1以上の場合〔図 4.6 (b)，参照〕

$\mathrm{d}S>0$ では $\mathrm{d}u>0$，また逆に $\mathrm{d}S<0$ では $\mathrm{d}u<0$ をとり，非圧縮流れのベルヌーイ式から得られる結論と全く逆で，断面積が広くなれば増速し，逆に断面積が狭まれば減速する．

(c) マッハ数が1の場合〔図 4.6 (c)，参照〕

式 (4.40) から $\mathrm{d}S=0$ すなわち管の断面積が極値をもつ位置となる．断面積が極小値をもつ場合，流れが亜音速から出発すると，断面積が減少し加速されて最小断面で音速に達する．その下流では超音速なので，断面積が

4.3 一次元流れ

$M<1$

flow → $dS<0$　$du>0$　　flow → $dS>0$　$du<0$

(a)

$M>1$

flow → $dS<0$　$du<0$　　flow → $dS>0$　$du>0$

(b)

亜音速　音速　　　　亜音速　亜音速
超音速　音速　　　　超音速　超音速

flow →　　　　　　flow →

極小値　　　　　　　極大値

(c)

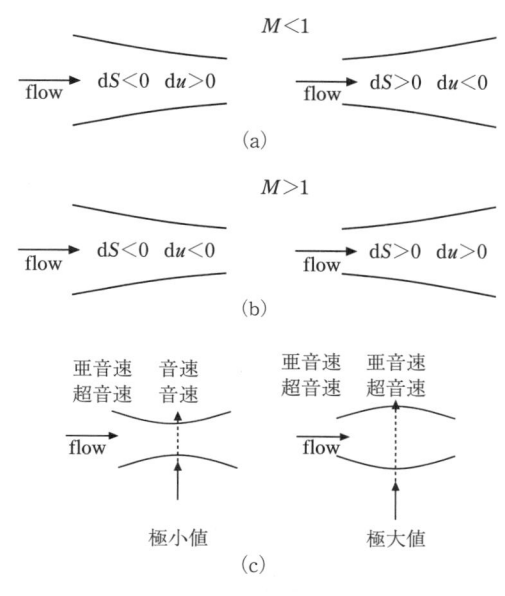

図 4.6　ノズル内の流動とマッハ数

広がり流れが加速される．流れが超音速からで出発すると最小断面で音速となり，その下流は亜音速となり断面積の増加とともに流れは減速する．断面積が極大値をもつ場合，流れが亜音速から出発すると，断面積は増加し減速するため音速には到達しない，また超音速状態から出発すると，断面積が増加するとさらに増速するため音速とはなりえない．したがって，最小断面位置で流れの速度が音速となる．

最小断面位置の量に＊印をつけて表すと式 (4.37)，(4.38) より，

$$\frac{T^*}{T_0}=\frac{2}{\kappa+1} \quad \frac{p^*}{p_0}=\left(\frac{2}{\kappa+1}\right)^{\kappa/(\kappa-1)} \quad \frac{\rho^*}{\rho_0}=\left(\frac{2}{\kappa+1}\right)^{1/(\kappa-1)} \tag{4.44}$$

4.3.3　等エントロピー変化が仮定できる流れ

大きな容器からノズルあるいはディフューザを通して気体が無限の大きさの静止空間中に放出される場合，これらの長さが短ければ流れは等エントロピー

の流れが仮定できる．ここでは，以下に示す代表的な二つの場合について示す．

（1）先細ノズル

図4.7に示すように先細ノズル（convergent nozzle）は出口に向かい断面積が減少し出口で最小断面積となるノズルである．

容器は充分に大きく内圧と温度はそれぞれ一定値p_0, T_0に保たれると仮定する．この場合，容器から気体を流出させるには容器の周囲圧力p_bがp_0よりも小さくなければならない．前項の結果から，最小断面で音速を超える速さにならないことから，この臨界状態の圧力p^*が噴出状態を制御する目安となる．

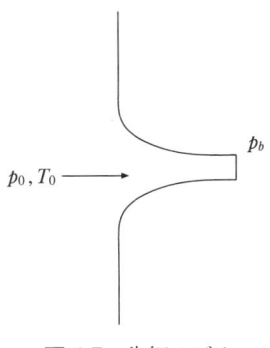

図4.7 先細ノズル

先細ノズル内の流れは次のように分類される．

（a）周囲圧力p_bが臨界圧力p^*よりも大きい場合（$p_b > p^*$）

この場合，気体は静止状態からノズル出口まで加速されるので式（4.44）の関係が直接利用でき，

$$\frac{p^*}{p_0} = \left(\frac{2}{\kappa+1}\right)^{\kappa/(\kappa-1)} < \frac{p_b}{p_0} < 1 \tag{4.45}$$

$\kappa = 1.4$とすると，$0.528 < p_b/p_0 < 1$となる．この場合，$p_b > p^*$なので，ノズル内および出口での流れは全て亜音速状態になる．

（b）周囲圧力p_bと臨界圧力p^*が等しい場合（$p_b = p^*$）

ノズル内の亜音速状態から出口で音速に達する．

（c）周囲圧力が臨界圧力よりも小さい場合（$p_b < p^*$）

ノズル出口で音速を超えることはなく，$p_b < p^*$でもノズル出口での圧力は臨界圧力のままとなる．

質量流量M_bは出口断面積Sと式（4.39）より，次式で与えられる．

$$M_b = \rho S u = S\left(\frac{p}{p_0}\right)^{1/\kappa} \sqrt{\frac{2\kappa}{\kappa-1} p_0 \rho_0 \left[1 - \left(\frac{p}{p_0}\right)^{(\kappa-1)/\kappa}\right]} \tag{4.46}$$

上式から，出口圧力が小さくなるほど放出される気体の質量流量は増大するが，p_bを臨界圧力以下にしても出口圧力は臨界圧力よりも下がらないので質量

流量は増加しない．

（2）ラバールノズル

静止した気体を超音速流れまで加速するには，先細ノズルで臨界状態にしてディフューザ部を取り付けて流れを加速することが必要になる．このようなノズルを，ラバールノズル（Laval nozzle）という．ラバールノズルの特性を図4.8に示す．

ラバールノズル内の流れは次のように分類される．

(a) 周囲の圧力（背圧）p_b があまり小さくない p_1 では，流れ場の全領域は亜音速状態になる．

(b) p_b が p_2 まで小さくなるとノズルのスロート（throat）部で臨界状態に達するが，下流部では圧縮減速され亜音速状態になる．

(c) p_b が p_5 まで小さくなると，スロート部より下流では超音速状態になり，

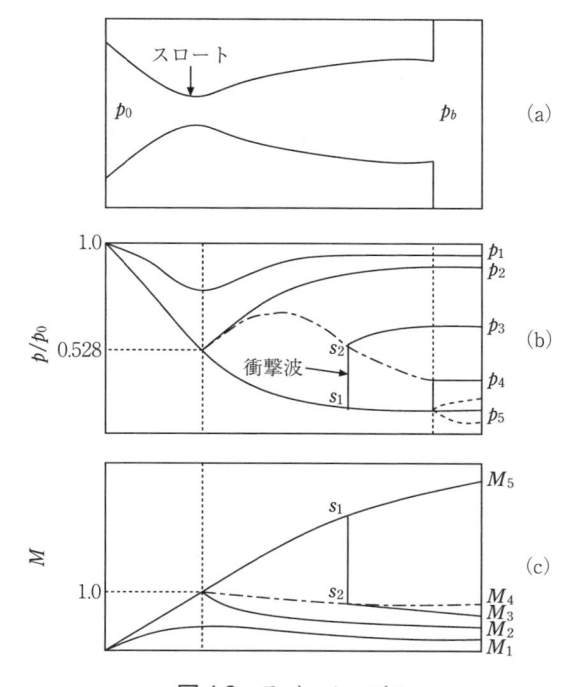

図4.8 ラバールノズル
[(a) ノズル形状，(b) 圧力分布，(c) マッハ数分布分]

これを適正膨張の状態と呼ぶ．
- (d) p_b が p_2 と p_5 の間の流れでは後述の衝撃波がスロートより下流側に発生し，流れが等エントロピー的でなくなり複雑になる．
- (e) p_b が p_3 になると衝撃波が図中の s の位置で発生し，そこで急激な圧力上昇と流れの減速が起こる．
- (f) p_b が p_2 から p_4 の間の流れでは圧力が小さいほど衝撃波は下流側に移動する．図中の一点鎖線は，この衝撃波の移動に関連する s_2 の軌跡を示す．
- (g) p_b が p_4 になると，衝撃波はノズル出口に達する．
- (h) p_b が p_4 以下ではノズル内の流れに変化はない．
- (i) p_b が p_4 と p_5 の間の流れではノズル出口後に斜め衝撃波が発生し，ノズル出口から下流に向けて圧力が上昇する（図中の破線）にもかかわらず膨張を引き起す．これを過膨張の状態と呼ぶ．
- (j) p_b が p_5 以下では（図中の破線）ノズル出口で膨張波が形成され，本来なら p_5 の状態よりもさらに膨張しなければならないが，そのようにならない．これを不足膨張の状態と呼ぶ．

4.4 衝撃波

衝撃波は超音速で大気中を飛行する航空機や強い爆発が生じた場合に発生する．密度・圧力・速度などの不連続的な変化が伝播する圧力波の一種で，気体に限らず液体や固体中でも生じる．

4.4.1 衝撃波の特性

衝撃波（Shock wave）は，以下の特性をもつ．

衝撃波の特性：
- 衝撃波は気体が超音速から亜音速に減速される場合や爆発などの急激な圧力変化に伴い形成される．
- 衝撃波の前後に密度，圧力，温度が急激に変化する層が形成される．
- 衝撃波の層は極めて薄く分子の平均自由行程の数倍から十倍程度であり，

不連続面として取り扱われる.
- 層自体は極めて薄いので衝撃波の前後の状態変化は断熱的として取り扱うことができる.
- 衝撃波内部は著しい温度勾配や速度勾配のためエントロピーの増加が起こり等エントロピーの仮定は成立しない.

管内に発生した垂直衝撃波 (normal schock wave) について考える. 図 4.9 (a) に示すように長い管内にピストンを大きな速度 V で移動させる. このとき流れに衝撃波が発生する. 衝撃波の移動速度を u_1 とすると, 速度分布, 圧力分布は図 4.9 (b) になる. 衝撃波の移動速度 u_1 で動く座標系で考えると衝撃波は静止し, 図 4.9 (c) のように逆向きに流れるように観察され, 速度分布, 圧力分布は図 4.9 (d) になる. このときの支配方程式は連続の式, 運動量の式, エネルギー式でそれぞれ次式となる.

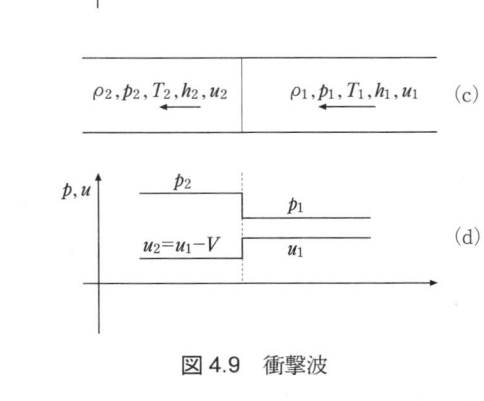

図 4.9　衝撃波

$$\rho_1 u_1 = \rho_2 u_2 = m \tag{4.47}$$

$$p_1 + \rho_1 u_1^2 = p_2 + \rho_2 u_2^2 \tag{4.48}$$

$$h_1 + \frac{1}{2} u_1^2 = h_2 + \frac{1}{2} u_2^2 \tag{4.49}$$

運動量の式と連続の式から, $p_2 - p_1 = \rho_1 u_1^2 - \rho_2 u_2^2 = (\rho_2 - \rho_1) u_1 u_2$ したがって,

$$\frac{p_2-p_1}{\rho_2-\rho_1}=u_1 u_2 \tag{4.50}$$

ここで，完全気体では，

$$h=C_p T=\frac{\kappa}{\kappa-1}\frac{p}{\rho}$$

となり，断熱変化した場合の式 (4.27) と臨界流速 u_c を用いると，

$$\frac{\kappa}{\kappa-1}\frac{p_1}{\rho_1}+\frac{1}{2}u_1^2=\frac{\kappa}{\kappa-1}\frac{p_2}{\rho_2}+\frac{1}{2}u_2^2=\frac{1}{2}\frac{\kappa+1}{\kappa-1}u_c^2 \tag{4.51}$$

上式と運動量式から，

$$p_2-p_1=\rho_1 u_1^2-\rho_2 u_2^2=\frac{2\kappa}{\kappa-1}(p_2-p_1)+\frac{\kappa+1}{\kappa-1}u_c^2(\rho_1-\rho_2) \tag{4.52}$$

上式と式 (4.50) から次式を得る．

$$\frac{p_2-p_1}{\rho_2-\rho_1}=u_c^2, \quad \frac{u_1}{u_c}\frac{u_2}{u_c}=1 \tag{4.53}$$

衝撃波の後方の圧力は前方よりも大きく，したがって運動量式から流速が小さくなるので $u_1>u_2$ から $u_1/u_c>1$，$u_2/u_c<1$ となり，衝撃波の前方では超音速流，後方では亜音速流となる．

4.4.2 ランキン・ユゴニオの式

衝撃波の強さは，衝撃波の前後の圧力比・温度比・密度比・速度比で示される．理想気体を通過する衝撃波の前後の圧力比 p_2/p_1 と密度比 ρ_2/ρ_1 および温度比 T_2/T_1 の関係を示す式をランキン・ユゴニオ（Rankine-Hugoniot）の式という．

ランキン・ユゴニオの式：

$$\frac{\rho_2}{\rho_1}=\frac{(\kappa-1)p_1+(\kappa+1)p_2}{(\kappa+1)p_1+(\kappa-1)p_2} \tag{4.54}$$

$$\frac{p_2}{p_1}=(\rho_2/\rho_1)(T_2/T_1) \tag{4.55}$$

$$\frac{T_2}{T_1}=\frac{p_2}{p_1}\left[\frac{(\kappa+1)p_1+(\kappa-1)p_2}{(\kappa-1)p_1+(\kappa+1)p_2}\right] \tag{4.56}$$

式 (4.54)〜式 (4.56) の導出:

$m = \rho_1 u_1 = \rho_2 u_2$ と式 (4.52) より次式を得る.

$$m^2 = \frac{p_2 - p_1}{\dfrac{1}{\rho_1} - \dfrac{1}{\rho_2}} \tag{4.57}$$

ここで,式 (4.51) より式 (4.57) を利用すると,

$$\frac{\kappa}{\kappa-1} \frac{p_1}{\rho_1} - \frac{\kappa}{\kappa-1} \frac{p_2}{\rho_2} + \frac{1}{2}\left(\frac{1}{\rho_1} + \frac{1}{\rho_2}\right)(p_2 - p_1) = 0 \tag{4.58}$$

上式を変形すると式 (4.54) を得る.また状態方程式から式 (4.55) が成立し,この関係を式 (4.54) に代入すると式 (4.56) を得る.

第4章の演習問題

(4-1)
いま,飛行機が地上 300 m の高さをマッハ 2 で水平に飛行している.その飛行機が真上を通過して何秒後に飛行機からの音を聞くことになるかを求めなさい.周囲の大気温度は 20 ℃ とする.

(4-2)
問題 (4-1) の場合の飛行機の先端 (よどみ点) での温度はいくらになるか.

(4-3)
先細ノズルが取り付けられたタンクがある.タンク内の圧力を 800 kN/m^2 とすると,タンクから放出される質量流量を最大にするにはノズル出口周囲の大気圧をいくら以下にすればよいか.また,このときの最大流量はいくらになるかを求めなさい.容器内温度は 20 ℃,ノズルの出口断面積は 10^{-4} m^2 とする.

(4-4)
ラバールノズルが取り付けらた空気の入ったタンクがある.タンク内の圧力を 700 kN/m^2,ノズル出口の圧力を 100 kN/m^2 とし,このとき適正膨張したとして,ノズル出口での流量,温度,マッハ数,ノズル出口断面積を求めなさい.容器内温度は 20 ℃,スロートの断面積は 10^{-4} m^2 とする.

(4-5)
　管内にあるピストンを速度 500 m/s で急速に移動させた．このときピストンの前面では衝撃波が発生した．この衝撃波の速度，また衝撃波前後の密度比，圧力比を求めなさい．衝撃波前方での大気の温度は 20 ℃，圧力は 100 kN/m^2 とする．

第5章　流れの測定・予測（数値解析）

　物体および管路などが流体から受ける力（流動抵抗）を知る，あるいはそれを制御し低減させるなどのことは，流体力学的に興味深いばかりでなく流体機器の設計やその性能を向上させる上で非常に重要である．そのためには，流れの圧力分布，速度分布などの流動状態を知ることが一義的に必要である．

　また，近年，計算機の性能が飛躍的に向上し流れを記述する支配方程式を数値的に解きその流動特性を予測することがかなりの精度で可能となってきている．

　本章では，まず流れの圧力や速度および流量などの各種の測定法の概略について述べ，次いで流れの予測すなわち数値解析法についてその概略を述べる．

5.1　測　　定

　流れの圧力，速度および流量を測定（measurement）するには，測定対象となる流れが定常か非定常かによって最適な応答速度を有する測定機器を選ぶことが必要である．例えば，定常流の測定に対しては測定機器の応答速度は遅くてもよい．また，ターボ機械内部の流れのように周期的に現象が変化して位相角に同期して流れを測定するには，条件付きで測定できる機能を必要とする．一方，非定常流や過渡現象では瞬間的に流れを測定する必要がある．本節では主として流れの圧力や速度などの瞬時値を精密に測定する方法について述べる．

5.1.1　圧　　力

　圧力を測定する機器として代表的なものに，圧力によって変化する液柱の高さを読み取る液柱圧力計（マノメータ）や圧力によって変形する弾性体の変形量から圧力を求める弾性圧力計などがある．これらは液面高さの変化や指針を読むことにより圧力を測定するため，測定精度は測定者の経験に影響され測定誤差が生じやすい．そのため，最近では電気信号によって測定する半導体式圧力変換器（semiconductor type pressure transducer）が増えてきている．

　半導体式圧力変換器は，圧力によってセンサ内の受圧膜がたわみ，それによ

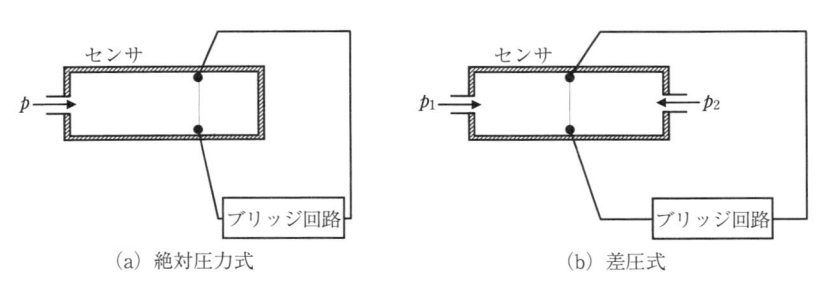

図 5.1 半導体式圧力変換器

(a) 絶対圧力式　　　(b) 差圧式

って膜の電気抵抗が変化することを利用して，抵抗値の変化から圧力を求める装置である．これには，絶対圧力（absolute pressure）を求めるものと差圧（differential pressure）を求めるものとがある．応答性が良いため，変動圧力を測定するのに適している．また，非常に小型のものもあり，大きさが限られた機器に多数の圧力変換器を組み込むことも可能である．

5.1.2 速　度

速度を測定する機器として代表的なものに，静圧と動圧の和が保たれるベルヌーイの定理を利用したピトー管や流れの中に置いた回転体の回転数から流れの速度を求める回転式流速計などがある．これらは原理が簡単であり，様々な工業現場で使用されている．一方，流れの速度を精密に測定する場合や非定常流の瞬時速度を測定する場合には，ピトー管や回転式流速計よりも精度や応答性に優れた機器を使用する必要がある．これらの測定機器の例を以下に示す．

(1) 熱線流速計

気体流中に置かれたタングステンや白金の細い導線に電流を通じると，流れによる冷却によりそれらの抵抗値が変化し電流が変化する．この電流の変化と流速との関係から速度を求める装置を熱線流速計（hot-wire anemometer）という．熱線流速計はセンサ部の検査体積が小さく，また，応答性（数十 kHz）が良いために，乱流などの瞬時速度を測定することに適しているが，センサの細線（直径：数 μm 程度）が破断しないように取扱いに注意が必要である．熱線流速計は数 mm 程度の微小な体積の流れを詳細にとらえることができ，また，向きの異なる複数の熱線を組み合わせることにより速度の 3 成分が測定できる．

熱線流速計と同様の原理を用いて，ガラス被覆した金属性の膜に通電することにより気体や液体の流れの速度を測定するものを熱膜流速計（hot‐film anemometer）という．熱膜流速計は熱線流速計よりも検査体積は大きくなるが，被覆されているために流れに対する耐久性は向上する．

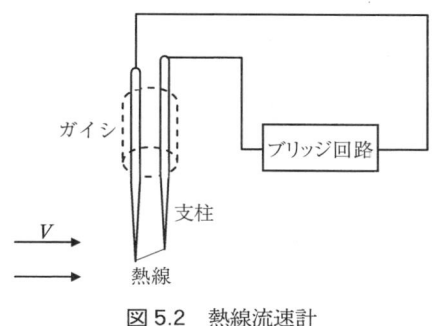

図 5.2　熱線流速計

（2）レーザ・ドップラー流速計

　同一波長のレーザビームを交差させると交差した点で干渉縞が生じる．この点に煙や金属粉などの微粒子を通過させると，干渉縞の明るい部分を通過するときには微粒子が光り，暗い部分を通過するときには微粒子の光が消える．したがって，干渉縞を微粒子が通過する際に，明暗の部分を通過すると一定の周

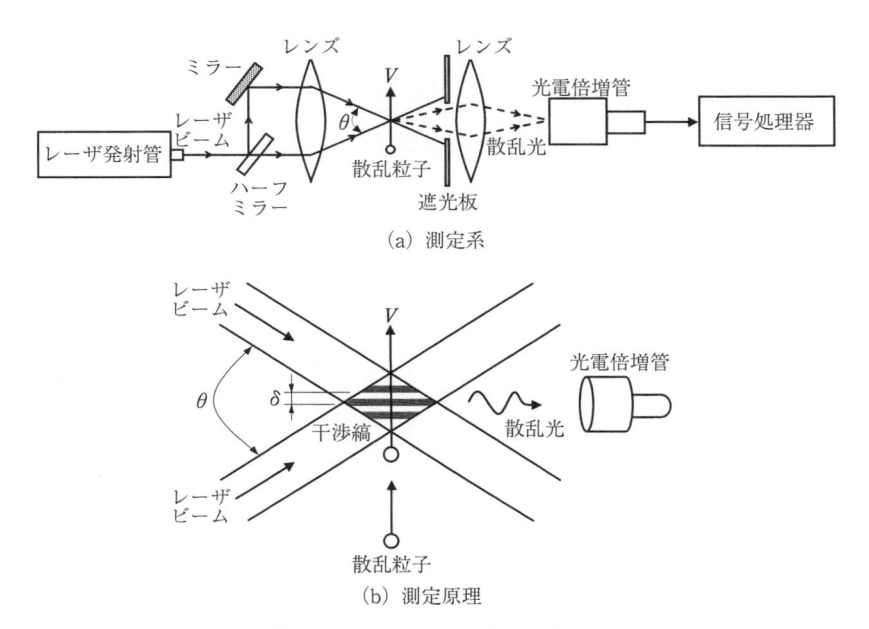

(a) 測定系

(b) 測定原理

図 5.3　レーザ・ドップラー流速計

波数で光が発生する．干渉縞の間隔 δ はレーザビームの波長 λ と交差角 θ によって決まるために，微粒子の光る間隔と干渉縞の間隔から流れの速度が計算できる．散乱光のドップラ周波数を f_d とすると流れの速度は $V=\lambda f_d/(2\sin(\theta/2))$ で与えられる．この原理によって速度を測定する装置をレーザ・ドップラー流速計 (laser Doppler velocimeter, LDV) という．使用する微粒子としては，気体の流れには油煙や時間が経つと自然消滅するエアロゾルなどがあり，液体の流れにはナイロン粉などの樹脂粉やカーボン粉などがあるが，いずれにしても流速を測定するには微粒子 (トレーサ) が流れに追随する必要があるためその大きさおよび密度が十分小さいことが求められる．

熱線流速計は熱線プローブを流れの中に挿入する必要があるが，レーザ・ドップラー流速計はレーザ光を用いて流れに非接触で速度を測定することができる．また，検査体積は数十 μm～数 mm 程度と微小であり，詳細に流れの挙動をとらえることができる．

(3) 粒子画像流速計

煙や金属粉などの流れに追随可能な微粒子を含んだ流れを微小時間間隔で撮影し，撮影した画像の中で微小な検査領域を切り出し，画像間の相関が最大になるような検査領域の位置関係を，その位置での流体の速度として測定する装置を粒子画像流速計 (particle image velocimeter, PIV) という．撮影する流れの面に強力な光を当てることが要求されるため，通常はパルスレーザのシート

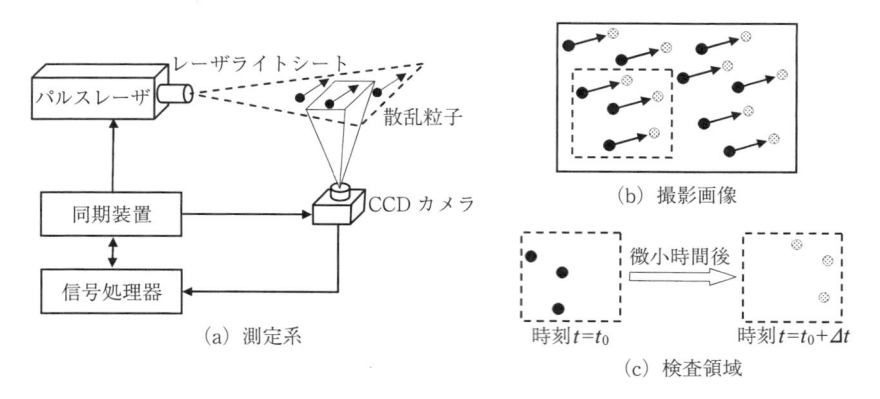

図 5.4 粒子画像流速計

光を流れに照射し，CCDカメラで同期して測定する．PIVは個々の粒子の追跡は行わず，検査領域内の粒子の平均速度を求めるのに対して，時間差撮影した画面の間で個々の粒子の対応関係を求めて，それらを各点での速度として測定するものを粒子追跡流速計（particle tracking velocimeter, PTV）という．

レーザ・ドップラー流速計や熱線流速計では，ある1点での速度しか測定できないが，PIVでは瞬時の面的な速度場情報を得ることができ，ある瞬間の渦度などを求めることもできる．そのため，周期性のある流れ，非定常流および過渡的な流れの測定に有効である．

（4）超音波流速計

流れ中に超音波を発射すると，ドップラー効果により音波の周波数が変化する．送受波器から発信した超音波パルスの伝播速度は流れによって変化するため，送受波器間の距離と伝播時間から音波方向への流速成分 V_A を求め，これから流れの速度 V を測定するものが超音波流速計（ultrasonic velocimeter）である．

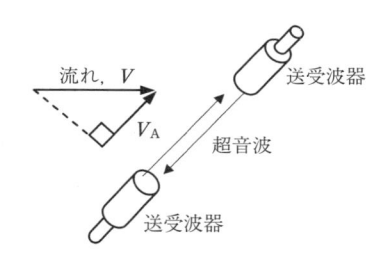

図 5.5 超音波流速計

回転式流速計では回転体の起動特性により低い速度域は検出できず，また，回転体の慣性により瞬時速度への応答性が問題となるのに対して，超音波流速計は速度がゼロから測定可能であり，測定精度が高い．また，複数対の送受波器を組み合わせることにより速度の3成分が測定できる．さらに，音速が温度によって変化することを利用して流れ場の温度の測定も可能である．

（5）ドップラー式音波レーダ（ドップラー・ソーダ）

ある周波数の音波を大気中に発射すると大気の流れによるドップラー効果により音波の周波数が変化する．発射した音波の周波数と受信した周波数の差から大気の流速を測定することができ，その装置をドップラー式音波レーダ（Doppler sonic detection and ranging system, Doppler SODAR）という．ドップラー式音波レーダは，上空の複数の方向へ音波を発射し，上空から散乱して返ってくる音波から伝播方向への流速成分 V_A, V_B, V_C, … を測定し，これらを合成することにより上空の流速 V が計算できる．超音波と比べて音波は周

波数が低い分，長距離の伝播が可能であるために，大気の速度の測定に利用されている．また，音速が340 m/sであることを利用すると，音波の発信から受信までの時間間隔を制御することにより，地上から任意の高度での大気の流速の測定が可能である．

5.1.3 流 量

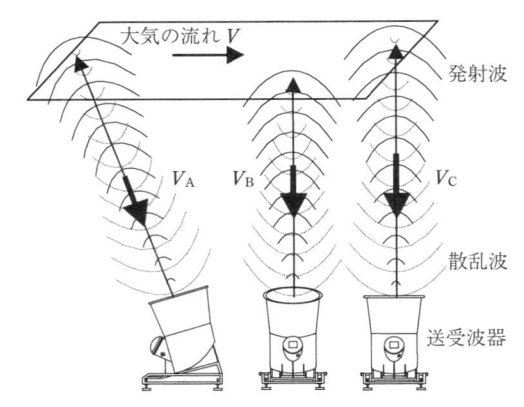

図5.6 ドップラー式音波レーダ

流量を測定する機器として代表的なものに，流れの中に置かれた羽根車の回転数から流量を求める羽根車式流量計，鉛直管内の上昇流れ中に浮いているフロートの釣合い高さから流量を求めるフロート式流量計，ベルヌーイの定理により縮流部分では速度の上昇とともに圧力が低下することを利用した絞り流量計などがあり，これらは簡便な測定方法として工業的にも多用されている．一方，最近では流量を精密測定し，それをコンピュータでサンプリングする方法が多く利用されている．これら流量の精密測定や瞬時測定に適した機器の例を以下に示す．

（1）電磁流量計

導電性の流体が磁界を横切るときに，流体に接するように電極を入れるとファラデーの電磁誘導の法則により起電力が発生する．発生する起電力が流量に比例することを利用して流量 Q を測定する装置を電磁流量計 (magnetic flowmeter) という．電磁流量計は測定物体を流れの中に入れる必要がないために圧力損失がなく，流体の粘度，密度，圧力，レイノルズ数に関係なく測定できる．なお，流体が磁性体であると，磁束密度分布が変化するので測定値に補正が必要となる．

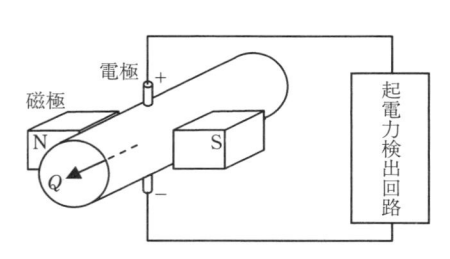

図5.7 電磁流量計

(2) 超音波流量計

　流れの中に発信した超音波と受信した超音波の周波数の差を検出し，流量を測定する装置を超音波流量計（ultrasonic flowmeter）という．超音波を利用しているので流量がゼロからの測定が可能である．超音波流量計は，管路径の小さいものから大きいものまで幅広く使用することができる．また，超音波流量計は配管の外に取り付けて測定するため配管工事を必要としないため取付けが容易で圧力損失がなく，また，高圧流体の測定が可能である．なお，気体の場合，減圧弁や絞りなどの超音波騒音が発生する部分の近くでは測定できず，また，液体の場合，気泡など超音波を散乱させるものが混入すると測定が困難となる．

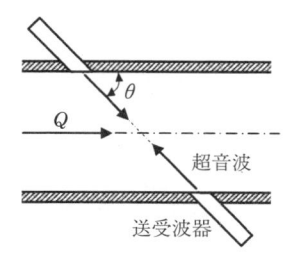

図 5.8　超音波流量計

(3) 渦流量計

　流れの中に物体を置くと物体の後方に規則的な渦列，いわゆるカルマン渦が発生する．この現象を利用して，流れの中に渦発生体を置き渦を検出するセンサによってカルマン渦の発生する周波数を測定し，速度が周波数に比例することを利用して流量を測定する装置を渦流量計（Kármán vortex flowmeter）という．絞り部（渦発生体の横）を通過する速度 V は，渦発生体の幅 d，ストローハル数 St，カルマン渦の発生周波数 f を用いて $V=fd/St$ で与えられる．渦発生体の形状は様々であるが，カルマン渦のはく離位置を安定させるために，角部が鋭利な三角形等の形状が多い．なお，渦流量計は脈動があると渦が乱れるため測定誤差が大きくなり，また，ある程度の流量がないと渦が発生しないなどの注意点がある．

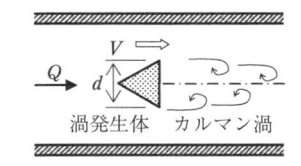

図 5.9　渦流量計

5.2　数値流体力学

　流体力学の創生期から流れの様子を知るために多くの実験的研究が行われ，その結果，理論の検証や流れの特性の理解が進んだ．一方，近年のコンピュー

タの性能向上に伴い，流れの支配方程式を計算機により解く数値流体力学（Computational Fluid Dynamics, CFD）が飛躍的に進歩した．最近ではパソコンも高速化し，CFDが手軽にできるようになっている．CFDに関する成書も多数出版されているので詳細な説明はそれらに譲るが，本節ではその手続きや考え方を簡単に紹介する．

5.2.1 数値解析の流れ

CFDにより解析を行う際の手続きは以下のようになる．
(1) 対象とする物理現象のモデル化と支配方程式の設定
(2) 計算手法の選択と支配方程式の離散化
(3) 格子生成
(4) プログラミング
(5) 計算の実行
(6) データの可視化

5.2.2 計算手法と支配方程式の離散化

流れの支配方程式を解く場合，それらがすべて解析的な関数であればよいが，実際には対象とする流れ場の支配方程式は非線形方程式である．したがって，それらを数値的に解析することになる．本書では連続体が仮定できる流れ場を対象としているので，対象とする物理量は連続関数を定義することができるが，それらを数値的に解く場合，有限個の離散的に空間に配置されたあるいは要素についての関係式を立てることになる（離散化）．連続体を離散的な関係式に変換する代表的な方法を以下に示す．

（1）有限差分法（Finite Difference Method, FDM）

微分を直接離散化する本法は最も代表的で広く一般に採用されている方法である．

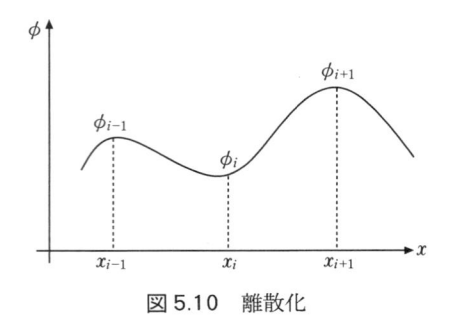

図5.10 離散化

例えば，ある物理量 ϕ の1階の空間微分を有限差分法により離散化することを考える．いま，テイラー展開を用いると $\phi_{i+1}=\phi(x_{i+1})$，$\phi_{i-1}=\phi(x_{i-1})$ は格子の間隔 ($\Delta x=x_{i+1}-x_i=x_i-x_{i-1}$) が一定であるとき，

$$\phi_{i+1}=\phi_i+\Delta x\frac{\mathrm{d}\phi}{\mathrm{d}x}+\frac{(\Delta x)^2}{2!}\frac{\mathrm{d}^2\phi}{\mathrm{d}x^2}+\frac{(\Delta x)^3}{3!}\frac{\mathrm{d}^3\phi}{\mathrm{d}x^3} \tag{5.1}$$

$$\phi_{i-1}=\phi_i-\Delta x\frac{\mathrm{d}\phi}{\mathrm{d}x}+\frac{(\Delta x)^2}{2!}\frac{\mathrm{d}^2\phi}{\mathrm{d}x^2}-\frac{(\Delta x)^3}{3!}\frac{\mathrm{d}^3\phi}{\mathrm{d}x^3} \tag{5.2}$$

これら2式の差をとり $2\Delta x$ で除すと，

$$\frac{\phi_{i+1}-\phi_{i-1}}{2\Delta x}=\frac{\mathrm{d}\phi}{\mathrm{d}x}+\frac{(\Delta x)^2}{3!}\frac{\mathrm{d}^3\phi}{\mathrm{d}x^3} \tag{5.3}$$

ここで，右辺の $(\Delta x)^2$ のオーダよりも小さい項を無視すると1階の空間微分は，

$$\frac{\mathrm{d}\phi}{\mathrm{d}x}=\frac{\phi_{i+1}-\phi_{i-1}}{2\Delta x} \tag{5.4}$$

となり，微分は離散点の情報を使った簡単な代数関係で表される．ここで示した例では二次以上のオーダの項を無視しているので，二次精度の有限差分近似と呼ばれる．さらに多くの点を用いてテイラー展開した結果を組み合わせると，より高い精度の近似式を立てることができる．ただし，差分近似した過程で一定の誤差が含まれることに注意すべきである．

（2）有限体積法（Finite Volume Method, FVM）

まず，計算対象とする流れ場を有限個の要素（検査体積）に分割する．微小要素について積分された支配方程式から，要素を出入りする物理量についての関係式を導く．有限差分法と比べて格子点の配置についての制約がゆるくなるため複雑な形状をもつ流れ場についても比較的容易に計算することができるが，反面，その自由度のため数値精度を上げることが難しい．

（3）有限要素法（Finite Element Method, FEM）

有限体積法と同様に流れ場を有限個の要素に分割するが，支配方程式に重み関数を乗じて解析領域を積分し，近似的な代数関係を得る．有限要素法は有限体積法と同様に複雑な形状の流れ場の取扱いが比較的容易で，さらに境界条件の取扱いや，精度を上げることも容易であるが，計算時間が長くなることが欠

点である．

（4）スペクトル法（Spectral Method）

流れ場の物理量を直交関数で近似する方法である．直交関数としてはフーリエ級数が採用される．この方法では物理量の微分を代数演算で得ることができ，離散化による誤差は基本的にゼロとなる．このことから，すべての離散化方法のうちで最も精度が高い．しかしながら，フーリエ級数を用いると周期的な境界条件しか設定できない．また他の直交関数を利用して非周期条件を満足できる級数を選んでも簡単な幾何学形状しか取り扱えない，などの欠点があり計算対象が限られる．

5.2.3 格子生成

解くべき方程式とその離散化の方法が決定されたあと，具体的に対象とする流れについて格子点を配置するかあるいは領域を分割しなければならない．格子の数を多くとれば，離散化された方程式から数値的に得られた解は厳密解に一致することになる．しかしながら多くの場合，計算機性能（速度，容量）の制約を受け，流れ場の全領域において十分な数の格子を配置することはできない．したがって特に現象の変化が著しく生じる箇所，例えば物体表面近傍などに特に多くの格子を配置するなどの工夫がいる．信頼できる精度の高いシミュレーション結果を得るには，格子の生成が極めて重要な作業となる．以下に，計算格子について簡単に説明する．

（1）直交格子（Cartesian mesh）

計算領域を矩形（三次元の場合，直方体）に分割するので簡単に格子を作ることができる．しかし物体表面上と格子点が必ず一致するとは限らないため，境界条件の取扱いにおいて精度を確保することが難しい．しかしながら計算速

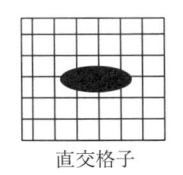

直交格子　　境界適合格子　　非構造格子

図5.11　計算格子

度やメモリの増大の結果，従来より細かい格子を作ることで境界近傍での精度を上げることが可能となっている．

（２）境界適合格子（boundary fitted coordinate mesh）

境界近傍での精度を上げるため，物体形状に沿って格子を滑らかに配置する．格子を形成するにはいくつかの提案があるが，補間関数や写像関数を用いる代数的な方法と座標に関する楕円型や双曲型の偏微分方程式を解く方法がある．

（３）非構造格子（unstructured mesh）

非常に複雑な流れ場の形状にも対応しやすいのと同時に，特に著しく現象の変化が起こる場所に細かい格子を配置することを境界適合格子よりも容易に行うことができる．しかしながら，流れを解く数値スキームの数値精度を確保することが難しく，そのための研究が進められている．

5.2.4 非圧縮流れ場の数値計算法

流れ場を解析する際の前提条件として，圧縮性を考慮すべきか否かで数値シミュレーションとしての取扱いも大きく異なる．本項では，非圧縮流れの数値解法のうち代表的な MAC 法型の解法についてその手続きを簡単に示す．ここでは，簡単に外力のない流れ場について考える．支配方程式は，次の連続の式と運動方程式となる．

（１）流れ場の支配方程式

$$\nabla \cdot \boldsymbol{u} = 0 \tag{5.5}$$

$$\frac{\partial \boldsymbol{u}}{\partial t} + \boldsymbol{u} \cdot \nabla \boldsymbol{u} = -\frac{1}{\rho}\nabla p + \frac{1}{Re}\nabla^2 \boldsymbol{u} \tag{5.6}$$

これを時間方向に前進差分で離散化すると次式となる．

（２）流れ場の離散化

（a）予測値 $\boldsymbol{u}^*$ を求める．

$$\boldsymbol{u}^* = \boldsymbol{u}^n - \Delta t\left(\boldsymbol{u}^n \cdot \nabla \boldsymbol{u}^n + \frac{1}{Re}\nabla^2 \boldsymbol{u}^n\right) \tag{5.7}$$

ここで，上付き添え字 n はある時刻での物理量を示す．

（b）圧力 p を求める（圧力のポアソン方程式を解く）．

$$\frac{1}{\rho}\nabla^2 p = \mathrm{div}\,\boldsymbol{u}^*/\Delta t \tag{5.8}$$

(c) $\boldsymbol{u}^{n+1}$ を求める.

$$\boldsymbol{u}^{n+1} = \boldsymbol{u}^* - \frac{1}{\rho}\nabla p \tag{5.9}$$

離散化の導出,

$$\boldsymbol{u}^{n+1} = \boldsymbol{u}^n - \Delta t\left(\boldsymbol{u}^n\cdot\nabla\boldsymbol{u}^n - \frac{1}{\rho}\nabla p + \frac{1}{Re}\nabla^2\boldsymbol{u}^n\right) \tag{5.10}$$

ここで,上付き添え字 n はある時刻での物理量を示す.

また,連続の式はいつの時刻でも条件として満足されなければならないので,

$$\nabla\cdot\boldsymbol{u}^{n+1} = 0 \tag{5.11}$$

が成立するように式 (5.10) の発散をとると,次に示す圧力のポアソン方程式が得られる.

$$\frac{1}{\rho}\nabla^2 p = \frac{1}{\Delta t}\nabla\cdot\boldsymbol{u}^n - \nabla\cdot\left(\boldsymbol{u}^n\cdot\nabla\boldsymbol{u}^n + \frac{1}{Re}\nabla^2\boldsymbol{u}^n\right) \tag{5.12}$$

このように右辺の項は式 (5.8) と同一で,時刻 $n\Delta t$ の物理量で決まり,この楕円型の方程式を解くと圧力場が求まる.さらに,この圧力と式 (5.10) から時刻 $(n+1)\Delta t$ での速度場が求まることになる.

5.2.5 乱流の数値解析

工学的に扱わなければならない流れ場は例えば,燃焼や化学反応,相変化,異なる種類の流体あるいは固体が混ざった混相流れなど数え上げればきりがないほど多様でその流れは複雑である.このような様々な流れ場で共通する流動現象は,前項までに説明した乱流である.工学上取り扱われる流れ現象のほとんどが乱流状態にあることから,これまでに乱流計算について多くの取組みが行われてきた.ここでは,その考え方と手続きについて簡単に説明する.

(1) レイノルズ平均モデル (Reynolds Averaging Navier-Stokes Model, RANS Model)

(a) 平均化　工学上,ある場所における時々刻々の詳細なデータはあまり必

要ではなく，むしろ時間的に平均された特性がわかることで十分な場合が多い．例えば，ある場所の時間平均された速度や，ときにその場所での乱れている強さがわかれば十分である．いま，流れの速度を平均速度と変動速度に分けて考え，$u = \bar{u} + u'$（" ‾ "は平均値を" ′ "は変動量を表す）と表す．

平均化された非圧縮流れの連続の式と運動方程式は次式になる．

$$\nabla \cdot \bar{u} = 0$$

$$\frac{\partial \bar{u}}{\partial t} + \nabla \cdot (\bar{u}\bar{u}) = -\frac{1}{\rho}\nabla \bar{p} + \nabla \cdot [\nu(\nabla \bar{u} + \nabla \bar{u}^T) - \overline{u'u'}] \tag{5.13}$$

平均化の手順：ここで，簡単のため一次元の非圧縮流れの運動方程式，

$$\frac{\partial u}{\partial t} + \frac{\partial uu}{\partial x} = -\frac{1}{\rho}\frac{\partial p}{\partial x} + \nu \frac{\partial^2 u}{\partial x^2} \tag{5.14}$$

について考え，これに先ほどの関係を代入して整理すると，

$$\frac{\partial \bar{u} + u'}{\partial t} + \frac{\partial (\bar{u}+u')(\bar{u}+u')}{\partial x} = -\frac{1}{\rho}\frac{\partial \bar{p}+p'}{\partial x} + \nu \frac{\partial^2 \bar{u}+u'}{\partial x^2} \tag{5.15}$$

上式を平均すると，平均に対する平均は $\bar{\bar{u}} = \bar{u}$ で変動に関する平均は $\overline{u'} = 0$ で次式のようになる．

$$\frac{\partial (\overline{\bar{u}\bar{u}} + \overline{u'u'})}{\partial x} = -\frac{1}{\rho}\frac{\partial \bar{p}}{\partial x} + \nu \frac{\partial^2 \bar{u}}{\partial x^2} \tag{5.16}$$

このほかに非圧縮流れでは連続の式が成立しなければならないので，$\partial \bar{u}/\partial x = 0$ が与えられ支配方程式が二つになるが，平均化した式を眺めると未知数は $\bar{u}, \bar{p}$ と $\overline{u'u'}$ の三つになる．三番目の未知数 $\overline{u'u'}$ がなければ方程式は閉じる（未知数と方程式の数が一致する）ことになる．この項は層流の場合には変動は生じないのでゼロになるが，乱流の場合には平均化の処理の過程で決して消えない．このような問題はクロージャ問題（closure problem）として理解されており乱流を解く場合において，この新たに発生した変動項（平均化により生じた $\overline{u'u'}$ は粘性応力と同じ次元をもつので，乱流により見掛け上の応力が生じたものと解釈され，レイノルズ応力と呼ばれる）を表現するための関係式が必要となる．このような関係式は厳格な支配方程式から導けないので，ニュートンの粘性法則のように物理的性質を表す乱流モデルが必要とされる．

つぎに，代表的な RANS モデルについて示す．

(b) 2方程式モデル，標準 k-ε モデル

$$\frac{\partial k}{\partial t} + \overline{\boldsymbol{u}} \cdot \nabla k = P_k + \varepsilon + \nabla \cdot \left[\left(\nu + \frac{\nu_t}{\sigma_k} \right) \nabla k \right] \tag{5.17}$$

$$\frac{\partial \varepsilon}{\partial t} + \overline{\boldsymbol{u}} \cdot \nabla \varepsilon = C_{\varepsilon 1} \frac{\varepsilon}{k} P_k - C_{\varepsilon 2} \frac{\varepsilon^2}{k} + \nabla \cdot \left[\left(\nu + \frac{\nu_t}{\sigma_\varepsilon} \right) \nabla \varepsilon \right] \tag{5.18}$$

ここで，σ_k, σ_ε, $C_{\varepsilon 1}$, $C_{\varepsilon 2}$ はモデル定数である．

前記したように $\overline{\boldsymbol{u}'\boldsymbol{u}'} = \overline{u_i' u_j'}$ をモデル化することが必要となるが，ここで分子粘性 ν に対し乱流による見掛け上の粘性の効果として渦粘性 ν_t を導入し平均量と関係づける．

$$-\left(\overline{u_i' u_j'} - \frac{2}{3} k \delta_{ij} \right) = \nu_t \left(\frac{\partial \overline{u}_i}{\partial x_j} + \frac{\partial \overline{u}_j}{\partial x_i} \right) \tag{5.19}$$

ここで，k は $\overline{\boldsymbol{u}' \cdot \boldsymbol{u}'}/2$ で定義される乱れエネルギーで，上式は渦粘性型乱流モデルと呼ばれる．したがって，この渦粘性 ν_t を決定すれば方程式は閉じることになる．

この ν_t の次元は長さと時間で表されるのでその大きさを決めるには流れ場と関連づけられる二つの物理量が必要となる．それには通常，流れ場における乱れと関係する代表速度と代表長さが選ばれる．乱れの代表スケールを決定する際，利用する支配方程式の数に関して0方程式モデル，1方程式モデル，2方程式モデルなどがあるが，最近では高精度化のためにさらに補助的に支配方程式の数を増やした試みもある．ここでは，商用ソフトに最も導入の進んでいる2方程式モデルのうち代表的な標準 k-ε モデルについて簡単に示す．

標準 k-ε モデルでは，代表スケールを決定するために乱れを代表する量として乱れエネルギー k と散逸率 $\varepsilon = \sum_{i,j} \overline{\nu (\partial u_i'/\partial x_j)^2}$ が選ばれる．両者の次元から，最終的に渦粘性係数は次式で決められる．

$$\nu_t = C_\mu \frac{k^2}{\varepsilon} \tag{5.20}$$

ここで，C_μ はモデル定数である．

k-ε に関する支配方程式は運動方程式から厳密に導くことができるが，前述のように必ず未知量が発生するために方程式が閉じないので支配方程式に適当なモデル定数をかけモデル化を行う．これら k-ε 方程式，流れの運動方程式，

連続の式を同時に解いて解を求める．

（2）ラージエディシミュレーション（Large Eddy Simulation, LES）

第6章に示すように，乱流場では渦構造を含めたさまざまな流れ構造が形成される．工業的には混合や伝熱を活発化，あるいは境界層のはく離の制御，摩擦抵抗の低減などを達成するため，流れ構造を制御することが求められる．したがってシミュレーションも時間平均された定量的な予測だけでなく，非定常な流れ場の正確な情報が流れの制御のために必要とされる．乱流場には大小さまざまな渦構造が存在するが，全てのスケールの流れ構造を解析することはできないので，小さな渦，特に離散的に配置される格子点より小さな変動はモデル化して，格子点で捉えれる格子のスケールの流れについてのみ解析せざるを得ないであろう．このようなシミュレーションをラージエディシミュレーションと呼ぶ．

フィルタ平均：

LESでは空間平均されたフィルタ量を定義することから始める．フィルタ量"〈 〉"はフィルタ関数 $G(x)$ を用いて次式で定義される．

$$\langle f(x) \rangle = \int G(x-x')f(x') \, dx' \tag{5.21}$$

フィルタ関数には以下に示す代表的なガウシアンフィルタ，トップハットフィルタのほかにフーリエ変換された場で用いられる波数カットオフフィルタなどがある．

$$\left.\begin{array}{l} \text{Gaussian filter} \quad G(x) = \sqrt{\dfrac{\pi}{6\Delta^2}} \exp\left(-\dfrac{6x^2}{\Delta^2}\right) \\[2ex] \text{Top-hat filter} \quad G(x) = \begin{cases} \dfrac{1}{\Delta} & (|x| \leq \dfrac{\Delta}{2}) \\ 0 & (|x| > \dfrac{\Delta}{2}) \end{cases} \\[4ex] \text{Cut-off filter} \quad G(x) = 2\dfrac{\sin(\pi x/\Delta)}{\pi x} \end{array}\right\} \tag{5.22}$$

ここで，Δ はフィルタ幅で通常，格子幅の2倍が選ばれる．

このように定義された関数の性質からフィルタ量は格子幅程度の大きさで局所的に平均化された量になる．

LESではこのように定義されたフィルタ関数を用いて支配方程式全体にフィルタ操作を行う．その結果，非圧縮流れ場に対して得られた支配方程式は次式となる．

フィルタ平均された支配方程式：

$$\left.\begin{array}{l} \nabla \cdot \langle \boldsymbol{u} \rangle = 0 \\ \dfrac{\partial \langle \boldsymbol{u} \rangle}{\partial t} + \dfrac{\partial \langle \boldsymbol{u} \rangle \langle \boldsymbol{u} \rangle}{\partial x_j} = -\dfrac{1}{\rho} \nabla \langle p \rangle + \nabla \cdot [\nu(\nabla \langle \boldsymbol{u} \rangle + \nabla \langle \boldsymbol{u}^T \rangle) - \langle \tau \rangle] \end{array}\right\} \quad (5.23)$$

ここで，フィルタをかけて定義される物理量をグリッドスケール（grid scale, GS）成分，それ以下の変動をサブグリッドスケール（subgrid scale, SGS）成分と呼ぶ．式（5.23）はGS成分の支配方程式であるが，右辺の最終項にはSGS成分によるSGS応力 $\langle \tau \rangle$ が加わる．

$$\left.\begin{array}{l} \langle \tau \rangle = \langle \tau_{ij} \rangle = L_{ij} + C_{ij} + R_{ij} \\ L_{ij} = \langle \langle u_i \rangle \langle u_j \rangle \rangle - \langle u_i \rangle \langle u_j \rangle \\ C_{ij} = \langle \langle u_i \rangle u_j' \rangle + \langle \langle u_j \rangle u_i' \rangle \\ R_{ij} = \langle u_i' u_j' \rangle \end{array}\right\} \quad (5.24)$$

SGS応力中での L_{ij}, C_{ij}, R_{ij} はそれぞれ，レナード項，クロス項，レイノルズ応力項と呼ばれる．

レナード項はGS成分 $\langle u_i \rangle$ でのみ表されるのでモデル化の必要はないが，そのほかの2項はSGS成分を含んでいるので何らかのモデル化が必要となる．特にLESのモデルとして，SGS応力をレイノルズ応力項で代表させ勾配拡散型で近似したスマゴリンスキーモデルが代表的なモデルである．

代表的なLESのモデル，スマゴリンスキーモデル：

$$\left.\begin{array}{l} \langle \tau \rangle = \langle \tau_{ij} \rangle = -\nu_{sg} \left(\dfrac{\partial \langle u_i \rangle}{\partial x_j} + \dfrac{\partial \langle u_j \rangle}{\partial x_i} \right) + \dfrac{1}{3} \langle \tau_{kk} \rangle \delta_{ij} \\ \nu_{sg} = C_s \varDelta^2 \sqrt{\dfrac{1}{2} \left(\dfrac{\partial \langle u_i \rangle}{\partial x_j} + \dfrac{\partial \langle u_j \rangle}{\partial x_i} \right)^2} \end{array}\right\} \quad (5.25)$$

ここで，C_s はスマゴリンスキー定数と呼ばれるモデル定数である．

このモデルの性能は十分に調べられており，特にモデル定数に関して幾つかの欠点が指摘されている．例えば，壁上では粘着条件のためSGS成分もゼロで

なければならないので，壁近くで急速にモデル定数を減衰させる減衰関数を乗じるが，さまざまな幾何学的，力学的条件に対応する普遍的な減衰関数の構築が難しいこと，流れ場が層流の場合でも乱流状態の応力が作用するため，層流から乱流への遷移が正確に予測できないこと，などが挙げられる．そこでモデルの欠点を克服するために，フィルタ幅の異なる2種類のフィルタを掛けることで局所的なスマゴリン定数を求める動的渦粘性モデルや，また実用に向けた取組みとしてLESと2方程式モデルに代表されるRANSモデルとの併用に関する研究が進められている．

(3) 直接数値シミュレーション (Direct Numerical Simulation, DNS)

乱流は大小さまざまなスケールをもつ流れを解析しなければならないので非常に細かい解像度が要求されるが，その条件が満足されるならこれまでに示した乱流モデルは不要となる．そのような十分な格子を配置して流れの支配方程式を直接解析する方法を直接数値シミュレーションと呼ぶ．直接シミュレーションではできるだけ忠実に現象を再現するため，支配方程式を厳密に解く必要があるので，これまで示した乱流モデルは一切使用せず高精度な離散化を行う．レイノルズ数が大きいほど流れは複雑化し細かいスケールの乱れが生じるが，乱れの最大スケールと最小スケールの比は$Re^{3/4}$に比例すると見積もられる．すなわち，最小スケールを格子幅とすれば三次元の場合では$Re^{9/4}$のオーダの格子が必要となり，工学的な流れを計算するのに必要なレイノルズ数を$10^4 \sim 10^5$以上とすれと大雑把に見積もっても10^9以上をはるかに超える計算点が必要となり，近い将来においても実用的な問題への適用は不可能であろうと考えられる．したがってこれまでに行われたDNSの主なものは比較的低いレイノルズ数の場合でかつ形状が簡単な流れ場である．例えば，一様等方性乱流，一様せん断乱流などの一様な乱れ状態を理想的に再現したものや，工学的に重要な壁面を含む流れとして平行平板間や円管内流れなどである．これらDNSによる計算結果はレイノルズ数が限定されるなどいくつかの制約もあるが，極めて高精度なデータなので，前述の乱流モデルのモデル定数の改善や既存のモデルの検証に利用され，また高い時空間解像度のため乱流現象の解明や乱流制御のための基礎研究に役立てられている．

第5章の演習問題

(5-1)

差圧式圧力変換器の一端が常に大気に開放されている．他端も大気に開放すると出力電圧が0.5 Vとなり，他端に1500 Paの圧力を作用させると出力電圧は2.0 Vであった．この圧力変換器の出力電圧が1.0 Vとなるとき他端に作用する圧力を求めよ．ただし，圧力と出力電圧の関係は線形とする．

(5-2)

He-Neレーザ（波長633 nm）の交差角が30°のレーザ・ドップラー流速計で流れの速度を測定する．観測された散乱光のドップラ周波数が1 MHzのとき，流れの速度を求めよ．

(5-3)

内径100 mmの円管内に幅5 mmの渦発生体を置いた渦流量計がある．発生した渦の周波数が200 Hz，ストローハル数が0.2のとき，流量を求めよ．

(5-4)

非圧縮流れの連続の式ならびに運動方程式について平均化すると式 (5.13) が導かれることを示しなさい．

(5-5)

空間フィルタをかけた支配方程式が式 (5.23) となることを導きなさい．

(5-6)

乱流計算にモデルが必要とされることについて説明しなさい．

第6章 実際の複雑な流れ

前章まででは，理想流体や粘性流体，および圧縮性流体などについてその支配方程式の導出や流動特性などを述べたが，本章では，実際の複雑な流動現象についてその幾つかの例，例えば乱流混合層，大気乱流，混層流，ポンプや風車などの流体機械における流れなどを述べる．

6.1 乱流構造

6.1.1 噴流・混合層

一般に流れを観察すると，例えばタバコの煙を眺めればわかるように，私達が積極的に関与しなくとも流れは一方的に複雑化し乱れていく．このような乱れは，完全にランダムな状態にあるものとして長い間理解されてきた．しかし1950年代から混合層（図6.1，参照），噴流（図6.2，参照）の可視化観察結果から，それぞれの流れの幅程度の大きさをもつ大規模な渦構造が存在し，それらが乱れや混合に重要な役割を果たしていることが理解された．

図6.1と6.2から，噴流や混合層では秩序構造（coherent structure, organized motion）が形成され下流に向かい発達していく様子がわかる．流れがダクトやノズルから放出された直後では，これらの流れにおいての乱れは弱く，強いせん断層のみが形成されている．このせん断層は非常に不安定で，流れ場に存在

図6.1 混合層の大規模構造
（Brown and Roshko, 1974）

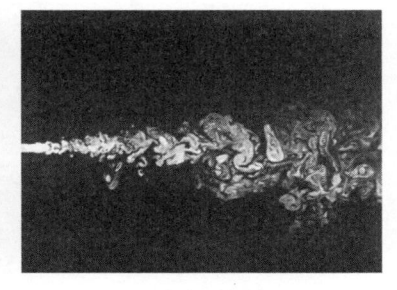

図6.2 噴流の大規模構造
(Dimotakis, Lye and Papantoniou, 1983)

する微小なかく乱をきっかけにしてその不安定性が成長する．その際生じる流れのパターンは，最も速く発達する不安定なパターン（モード）によって規定されるので，千差万別の流れのパターンが発生するわけではなく流れ場ごとにある程度決まったものが現れる．また，乱流は大きなスケールの乱れから小さなスケールの乱れへとエネルギーが輸送され最後は熱に変わる．流れの可視化図（図 6.1，6.2，参照）からも大きなスケールの流れ構造に関連して小さなスケールの揺らぎが観察される．

混合層の場合，図 6.3 に示す実験や数値シミュレーション結果から，以下に示すように，下流側での構造的な特徴が明らかにされている．図 6.3 (a) は数値シミュレーション結果であるが，流れ方向に軸をもつ引き伸ばされた渦構造のリブ (rib) がスパン方向に並んだ状態の構造のブレイド (braid) を形成する．この構造を模式的に示したものが図 6.3 (b) である．リブ構造はスパン方向に大規模なロール状に形成され，図 6.3 (c) に示すようにロール状構造がロールの間に形成されたリブ構造を引き伸ばすことでリブ構造が強化，維持される．

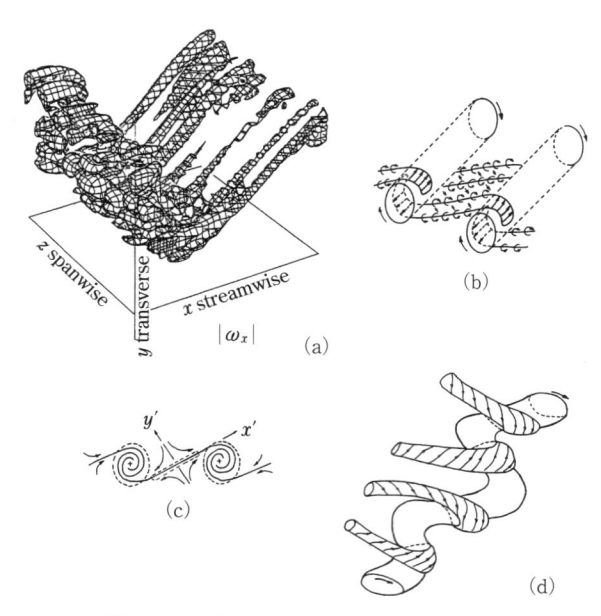

図 6.3　混合層の渦構造（Hussain, 1986）

さらに，図6.3(d)に示すように発達したリブ構造はロール構造自体の変形を誘起する．

図6.4は円形噴流の場合で，渦構造のモデルの一つである．ノズル出口で渦輪が形成され，その後，渦輪の周方向に不安定性が生じ，リブと同様の主流方向を向いた縦渦が形成され，その後さらに小さな渦構造へ分裂していく様子が示されている．

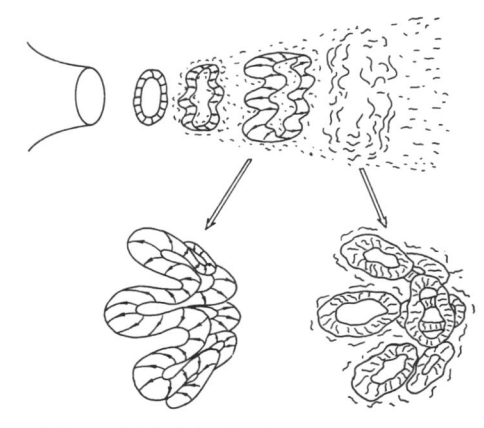

図 6.4 円形噴流の渦構造（Hussain, 1986）

今日までは，このような乱れた様子を逐一追跡し調べることは実験では困難であることと同時に調べることの十分な意味も見出せなかったことから，時間平均された流れの正確な情報さえ得られれば十分であった．一方，計算機性能が飛躍的に発達した結果，1980年代後半から，形状が簡単で単純な流れ場についてのDNSが行われるようになった．

図6.5は，DNSによる噴流の渦構造の可視化結果を示している．噴流が噴出された直後に渦輪に近い構造が形成され，下流側で崩壊後小さなチューブ状の渦構造へと遷移していく様子がはっきりとわかる．実験の可視化結果では流線に近い情報は得られるが渦構造をこれほどまでに克明に可視化することは困難である．なおDNSの場合，結果は

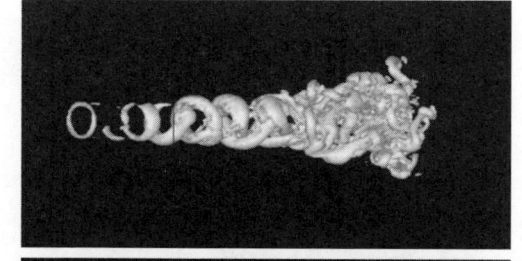

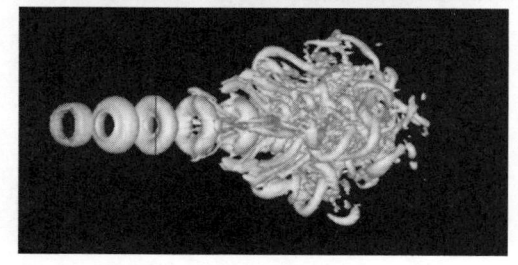

図 6.5 噴流のDNS（上：制御なし，下：制御あり）

低いレイノルズになるため，実験で観察される大きな渦と小さなスケールの変動とのスケール差に比べ，大きな渦と小さい渦のスケールの差は小さい．

　図6.5の下図は上図の噴流に対し上流において主流方向に主流速度の5％程度の速度変動を与えた結果である．変動の周期は先に述べた上流で不安定な渦輪の形成が促進される周期を選んでいるが，何もしない場合と比べて上流側でより明確な渦輪構造が発達するとともに下流側でも細かい渦が増加し，かつ噴流が大きく広がっている様子がわかる．このように噴流では撹乱により不安定性を操作することで噴流構造とそれに付随する混合を制御することができる．

6.1.2　壁乱流

　工学的に重要な流れの境界条件は壁である．伝熱や摩擦抵抗などの改善のためには，壁近くの乱流構造の理解が不可欠である．図6.6は平板上に発達した乱流境界層の壁に極めて近い位置に電線を張り，間欠的に電流を流しその際発生した図中白く見える微小水素気泡による流れの可視化結果である．図中で流れは左から右へ流れているが，流れの早い・遅いに対応して筋上の構造（ストリーク構造）が形成されているのがわかる．このことは壁のごく近くでも秩序構造が存在することを示唆しており，この発見により壁乱流の研究が精力的に行われるようになった．壁のごく近くでは流れ場の瞬時の構造を可視化により考察することは難しいので，統計平均的な乱流構造を捕らえるための実験的方

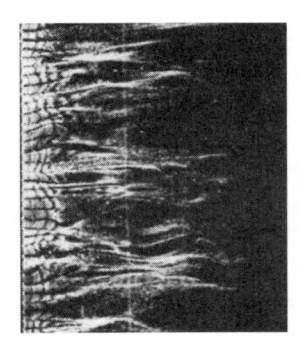

図6.6　壁乱流の壁近傍の水素気泡法による可視化（Kline, 1967）

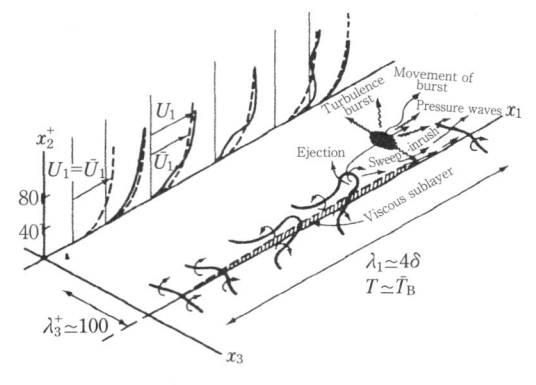

図6.7　壁乱流のモデル（Hinze, 1975）

法の開発が進んだ．そこから得られた知見を集約し，乱流構造に関するモデルがいくつも提案されてきた．

図 6.7 はその代表的な流れ構造のモデルである．すなわち，乱流構造は流れと直交する方向に軸をもった渦が下流に向って壁から浮上し，浮上した渦は引き伸ばされてヘアピン状の渦構造へと発達する．そのヘアピン渦は自身の脚部の間に強いストリーク構造を形成し，さらに成長してその後ヘアピン渦の頭部から壁に向かう強い吹降ろしによりつぎの新たな渦構造を生成する．本モデルは，それまでの実験事実を積み上げた見事な説明である．

一方，DNS による結果から，壁近傍を特徴づける構造の整理が行われた（図 6.8，参照）．それによると壁から離れた位置ではヘアピン渦あるいは馬蹄形渦，アーチ渦が支配的であるが，壁近傍ではヘアピン渦のような構造は少なく，むしろ主流方向を向いた縦渦が支配的で，ストリーク構造とも密接に関連していることが示された．

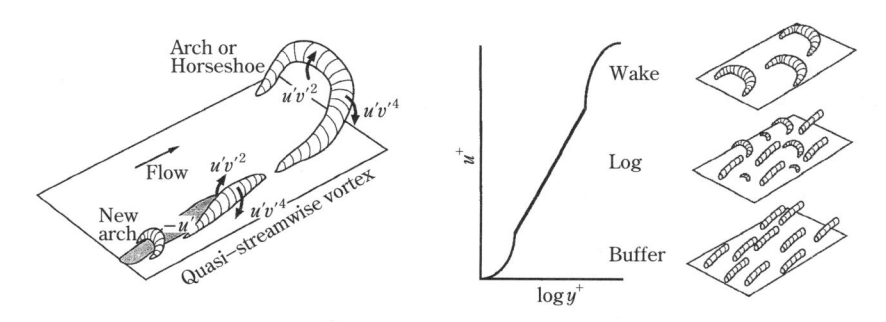

図 6.8 DNS の結果から整理された壁乱流の渦構造モデル（Robinson, 1991）

図 6.9 は DNS で可視化された平行な平板間の流れについて，ストリーク構造と渦の様子を示した結果である．ストリークは比較的大規模な構造で，それらと比べ小スケールの細長いチューブ状の渦が壁近くに多数存在している．また，最近では壁乱流以外の流れ場においても，小さなスケールの世界では同じような微細な渦構造が普遍的に存在することが明らかにされている．この微細渦は壁近くの伝熱や混合，摩擦などの現象を支配していることから，科学的な興味に加え工学的な立場からも深く関心が寄せられている．特に抵抗低減はあ

(a) ストリーク構造　　　　　(b) 微細渦構造

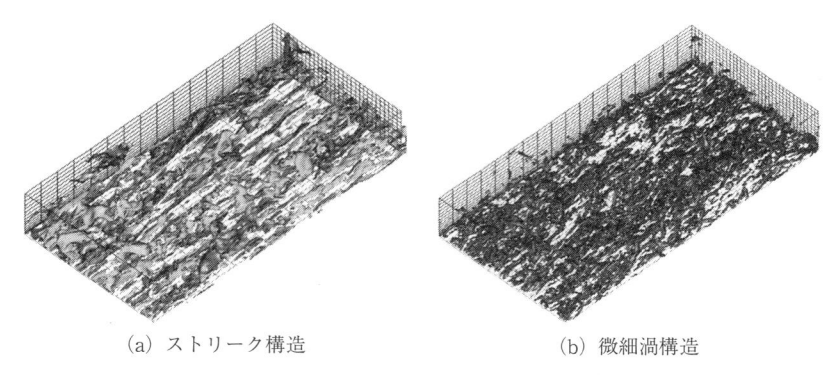

図6.9　DNSによる平行な平板間の流れの可視化結果

らゆるエネルギー関連機器や輸送機器における省エネルギー化に対して有効であることから，MEMS（Micro Electro Mechanical System）など微細なデバイスを用いることで微細な渦の発生を抑制するための流動制御の可能性と実用化に関する研究が精力的に行われている．

6.2　大気乱流

　地球は大気に包まれている．大気中では，風が吹く，というような表面的な現象だけでなく大気と地表との間での運動量や熱，水蒸気などの物質の混合や拡散など様々な現象が発生し，これらには乱流の果たす役割が大きい．本節では地表から上空1km程度までの大気の層（大気境界層，atmospheric boundary layer）について述べる．人間の活動を含む生物圏のほとんどは，大気境界層に含まれている．そのため，大気境界層について知ることは，流れが屋外にさらされた機械構造物，建築物，運輸などに与える影響のほか，大気汚染，森林植生などの地球規模の環境に関しても有益な知見を得ることになる．

6.2.1　風のスケール

　風は時間的にも空間的にも大きく変化しており，煙突からの煙や草木をなびかせる小規模な風から，海陸風や山谷風などの中規模のもの，台風や気圧配置による大規模なもの，さらにエルニーニョなどによって発生するブロッキング

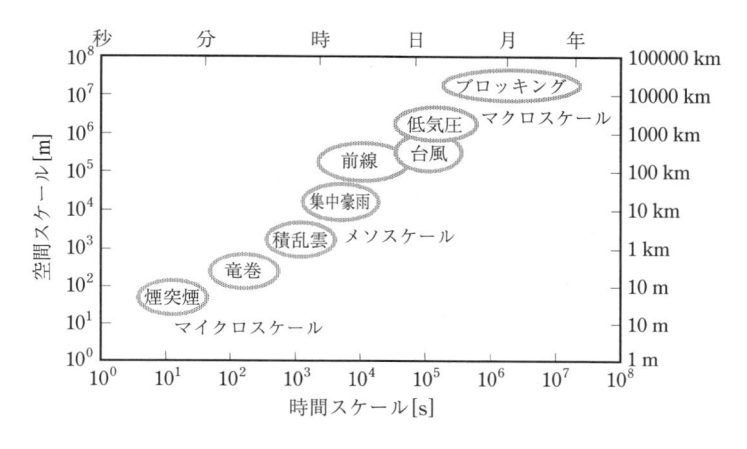

図6.10 風のスケール

などの超長波のものまで様々である．これらの風は，規模の小さい方から，マイクロスケール (micro scale)，メソスケール (meso scale)，マクロスケール (macro scale) に分類される．メソスケールは中間規模に分類される風であるが，これは例えば山谷風の「おろし」といわれる局所風のように，ある特定の気象台で観測されるような風よりも規模は大きいが天気図でわかるような風よりも小さい規模の風をいう．このメソスケールの気象現象は，天気図よりも空間的に比較的狭い範囲，つまり風の移動距離を考えると時間的に比較的短い時間での風を精度良く予測する場合に重要となっている．

6.2.2 地表付近の気象現象

大気は気体であるが，陸地は固体であり海洋は液体である．また，陸地面は気体と固体，海洋面は気体と液体との界面であるとともに，これら地表面には建築物，森林などによる粗さや温度差などがある．そのため，地表面と大気との間では，運動量，熱，物質の激しい交換が行われており，その結果，大気の速度や温度，湿度などの諸量は地表面から鉛直上空方向へ大きく変化している．これらは，大気と陸地の相互作用，大気と氷の相互作用，大気と海洋の相互作用などが複雑にからみあって生じた結果で，それにより大気現象が発生している．したがって，ここはマイクロスケールが支配的な領域であり，そのた

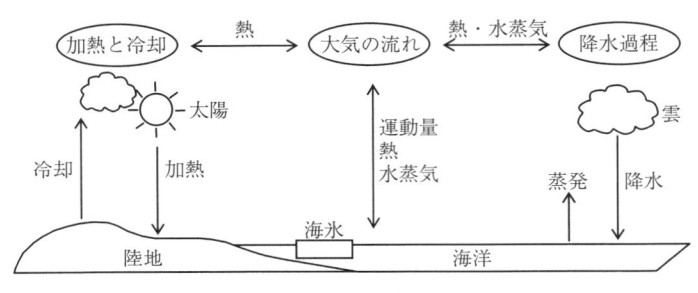

図6.11 地表付近の気象現象

めに小さな渦によって現象が大きく変化する領域でもある．この大気現象は時間的にも常に変動しており，これらの諸量が大きく変化するのは地表付近の比較的薄い乱流状態の層（1000 m程度まで）である．したがって，人間の生活圏は大気の乱流現象に支配されていると考えることができる．

6.2.3 大気境界層

大気境界層の厚さは，日射による大気と地表間との熱交換による海陸風の変化に基づいて1日を周期として変化し，日中は1000 m以上と厚くなるが夜間は数10 mと薄くなる．大気境界層のうち，地表にごく近い薄い気層は接地層（surface layer）と呼ばれ大気境界層全体の厚さの1/10程度である．接地層を除いた大気境界層の残りの部分はエクマン層（Ekman layer）と呼ばれる．接地層は内部境界層，エクマン層は外部境界層といわれることもある．大気境界層よりも上方は地表の影響を受けず，自由大気（free atmosphere）といわれる．

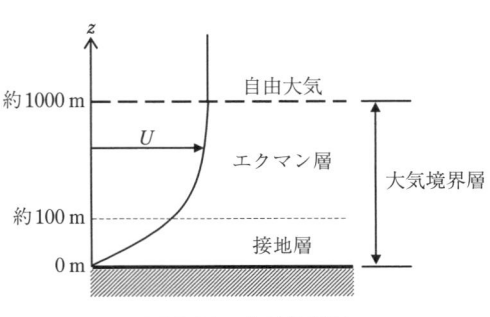

図6.12 大気境界層

（1）接地層

接地層では運動量や熱の鉛直方向への流れ（フラックス，flux）は一定とみな

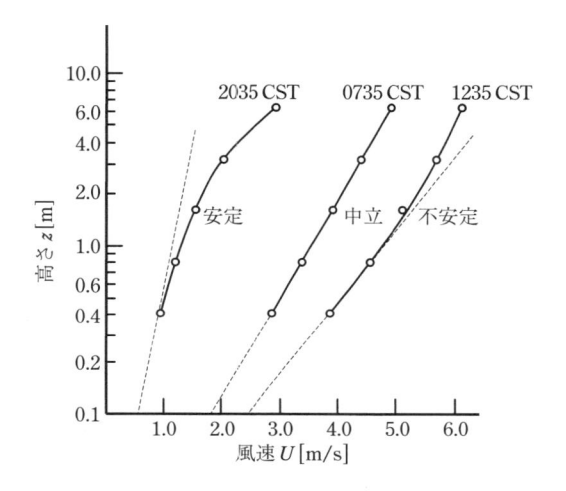

図 6.13　風速の安定，中立，不安定[15]
（CST：米国中部標準時）

すことができるため，接地層内の現象は地表における摩擦と鉛直熱フラックスに寄与する物理量だけで決まる．この物理量として，摩擦応力（friction stress），鉛直熱フラックス（vertical heat flux），浮力（buoyancy）の三つのパラメータが挙げられる．これらのパラメータとして，地表の摩擦応力 τ_0 は空気密度 ρ との比をとって τ_0/ρ，地表での鉛直温度フラックス q_0 は気温の変動成分 θ と地表での鉛直方向への風速変動成分 w_0 との積 $q_0 = \overline{\theta w_0}$，浮力は重力に関係しているので地表での平均気温 Θ_0 との比 g/Θ_0 で与えられる．

風速は温度成層（鉛直方向へ温度勾配がある気層，temperature stratification）に密接に関係しており，熱的に安定（stable），中立（neutral），不安定（unstable）の三つに分類される．つまり，温度勾配が正で熱の流れが下向きの状態では安定，温度勾配がない状態では中立，温度勾配が負で熱の流れが上向きの状態では不安定となる．不安定な状態では境界層内に対流が発生するため，対流境界層（convective boundary layer）ともいわれる．

大気の観測は，例えば，音波を上空に発することによって観測を行うドップラー・ソーダによって行われる（5.1.2項，参照）．

図 6.13 は，片対数表示をした鉛直方向への風速分布の時間変化を示してい

る．中立状態では風速 $U(z)$ は，次式の常用対数を用いた対数法則（3.3.4項，参照）で表される．

$$U(z) = a \log z + b \tag{6.1}$$

ここで，a, b は観測結果から求められる定数である．

しかし，図からわかるとおり，安定および不安定状態では対数法則から外れる．一方，大気安定度が中立の場合には，多くの観測結果から平均風速 $U(z)$ は自然対数を用いた次式で与えられる．

$$U(z) = \frac{U_\tau}{\kappa} \ln\left(\frac{z}{z_0}\right) \tag{6.2}$$

ここで，U_τ は摩擦速度（friction velocity）〔3.3.4項(1)，参照〕，z_0 は粗度長（roughness length），κ はカルマン定数（Kármán constant）である．カルマン定数 κ は一般的に 0.4 が用いられるが，大気境界層の野外観測および数値解析から推定された結果からは，レイノルズ数の増加とともに κ が減少する傾向にあり，最近では 0.35 の使用が提案されている．

式 (6.1) と (6.2) の比較から摩擦速度 U_τ が求められる．

$$a \log z = \frac{U_\tau}{\kappa} \ln z \quad \therefore U_\tau = \kappa a \frac{\log z}{\ln z} = 0.434 \kappa a \tag{6.3}$$

また，粗度長 z_0 は風速 $U(z)$ がゼロになる点なので，図の直線と縦軸との交点（切片）が z_0 である．

（2）エクマン層

エクマン層では，摩擦応力のほかに地球の自転による影響も考慮しなくてならない．エクマン層の風速分布を地衡風（geostrophic wind）とコリオリ（Coriolis）のパラメータを用いて解析すると図 6.14 のように，らせん状になる．すなわち，風が吹くと，つまり空気が運動すると，地球の自転によるコリオリの力の作用によってその風速ベクトルと地球自転ベクトルの外積によって得られる方向に力が発生する．地球自転ベクトルが高さ方向に一定なのに対し，水平方向の風速は高さ方向に増加するため（中立境界層の場合），コリオリの力によって得られる力の向きは高さ方向に変化し風速分布はらせん状になる．

地表の摩擦の影響を受けないほど十分上空の風には，高気圧の所から低気圧

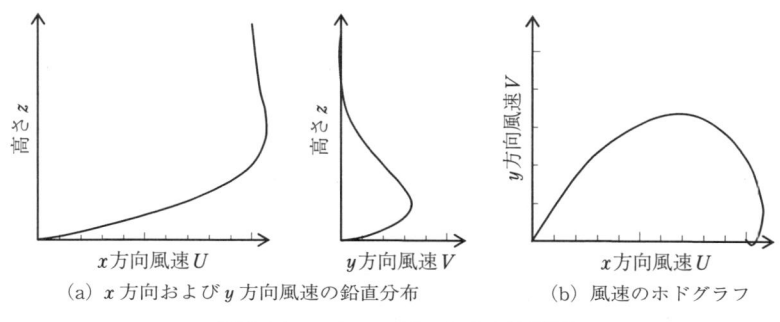

図6.14 エクマン層のらせん境界層

(a) x方向およびy方向風速の鉛直分布
(b) 風速のホドグラフ

の所へ向かって吹こうとする力（気圧傾度力）が発生するが，地球の自転によるコリオリの力のために気圧傾度力によって吹き始めた風は次第に曲がり，やがて風向が等圧線と平行になったところで気圧傾度力とコリオリの力が釣り合い等圧線と平行に風が吹く．これを地衡風といい，地表面の影響を受けない自由大気中の水平方向の風の運動方程式から加速度項を除いて求めることができる．

いま，中立かつ定常で，水平方向に一様な大気境界層を考えると，接地層で発生する気象現象は摩擦応力，鉛直熱フラックス，浮力の三つのパラメータで支配されるが，気象現象の中でも風速（wind velocity）だけを考えると接地層の風速は高さz，摩擦応力τ_0，粗度長z_0だけに依存する．一方，エクマン層での風速は，高さz，コリオリのパラメータ2Ω（Ω：地球自転の角速度），摩擦応力τ_0に依存する．なお，接地層とエクマン層との境界では，気象現象が滑らかにつながっていないといけない．

6.2.4 表面粗度のある場合の風

前項まででは地表は平らで一様な無限に広い場合を考えてきたが，実際の地表は様々な粗さ要素によって構成されておりこれらの粗さは大気境界層に影響を与える．例えば，海洋の滑らかな面，草原の均一な微小粗さの大地，林の背丈の異なる樹木，山岳や渓谷のような複雑地形，建物や橋梁などの障害物など地表の粗度は様々である．面全体にわたって均一な表面粗度の場合には，定常状態での風速は地面からの高さで決まる．しかし，場所によって粗度が変化す

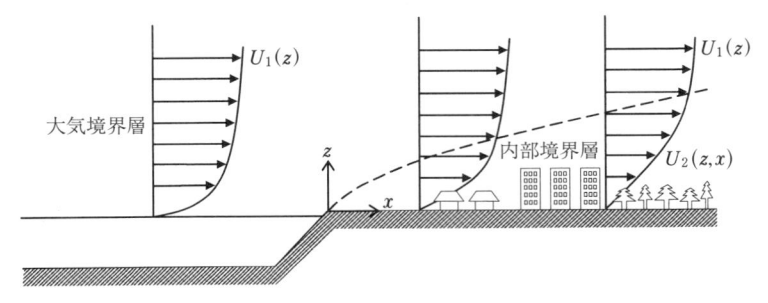

図6.15 表面粗度が変化する場合の大気境界層

る場合には風速は地面からの高さだけでは決まらない．

いま，表面粗度の小さい面上を吹いてきた風が，粗度の大きい面に入ってきた状態を考える（図6.15，参照）．これは，滑らかな海面上を吹いてきた風が突然現れた陸地上を吹き抜けていくような状態である．この場合には上流の表面粗度の小さい面上で発達した境界層は，粗度の大きな面に入ると粗度の増加により表面摩擦が増加し地面付近の風速は減速される．地表付近の風速の減少は乱流混合により鉛直上方へ影響し，その影響範囲は下流になるにしたがって大きくなる．そのため，表面粗度が突然大きくなった境界から新しい境界層が発達する．この新しく発達した境界層を，内部境界層（internal boundary layer）という．

6.2.5 地形・地物の影響による風

風は熱的現象のほかに，地形や建物など幾何学的形状の影響を受ける．実際

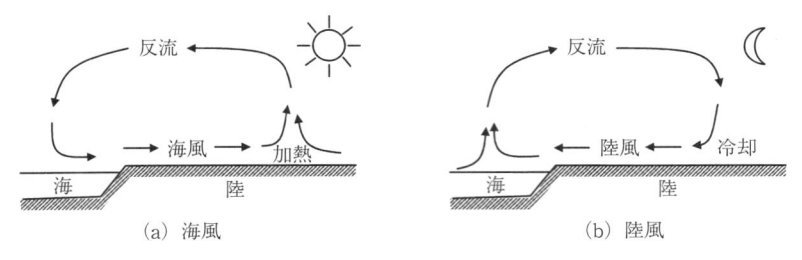

図6.16 海陸風

の現象としては，両者は密接に関係している．

　風の熱的現象には，図6.16に示す海陸風がある．陸上では1日の温度変化が水面に比べて大きいので，昼間は海に比べて陸の温度が上昇しそれによって海岸付近では海と陸との間で気圧差が生じ海から陸に向かって風が吹く．これを，海風という．反対に，夜間は海に比べて陸の温度が下がるために，陸から海へ向かって風が吹く．これを，陸風という．

　その他の熱的現象には，図6.17に示す山谷風がある．山の斜面では，1日の日射の変化により局所的に温度が変化する．昼間に日が当たる谷間の山の斜面では空気が暖められ上層の空気よりも温度が高くなり，斜面に沿って薄い空気流が生じ，それを補うように上空から谷間の中心部分で下降する流れが発生する．谷間の中心部分で下降した流れは温度上昇により密度が小さくなり，谷に沿って下流から上流に向かって流れが発生する．これを，谷風という．反対に夜間には斜面の温度が低下し斜面を下降する流れが生じ，これが谷沿いに下流へ向かって流れる．これを，山風という．

　地形の起伏や地上に樹木，建物などの障害物がある場合には，風はこれらの影響を受ける（図6.18，参照）．急峻な山の風下は後流域になり風が巻く．ま

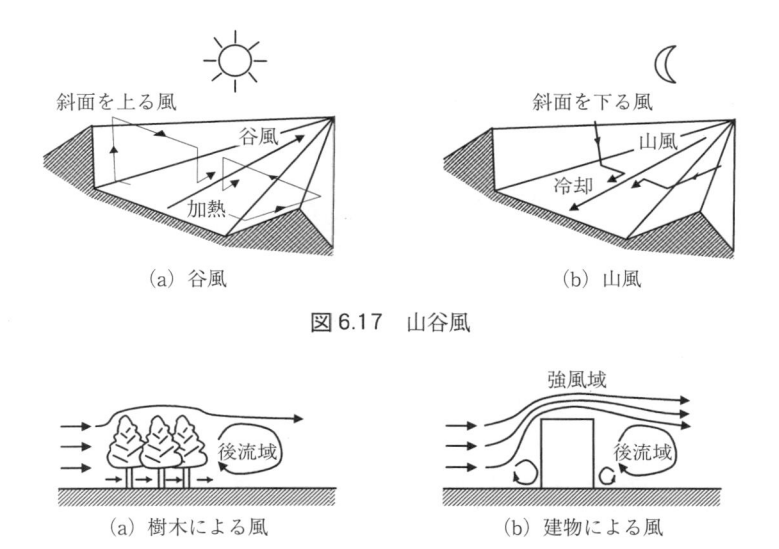

図6.17　山谷風

図6.18　地物による風

た，防風林は風に対する樹木の抵抗により風下に後流域を作り住居を守るものである．また，都市部の建物の存在によっても後流域が生じるが，建物は風の流れを完全に遮断するため建物周りの流れは縮流され，建物周りには局所的に強風域が生じる．これらの地物が風に及ぼす影響は，地物の高さ，地物の存在密度，形状（角の鋭さなど）によって大きく異なる．

6.3 混相流

自然界および産業の分野で，液体（液相）と気体（気相）あるいは固体（固相）と気体など，相の異なるものが一緒に流れる状況がしばしばみられる．例えば，水と一緒に流れる気泡群（気液二相流，エアレーションやボイラの蒸発管の流れ，など），固体粒子群（固液二相流，管路による土砂の水力輸送，など）や空気と一緒に流れる微粉粒子（固気二相流，管路による微粉粒子の空気輸送やマイクロブラストジェット，など）である．

これら混相流の流動特性は多種多様で非常に複雑であり，それらを記述する構成方程式も十分に確立されていない．

ここでは，混相流，特に気液二相流の概略と実際について簡単に示す．

6.3.1 気液二相流
(1) 流動様式

図 6.19 に，鉛直に設置された管内を流れる気液二相流の流動状態，様式の例を示す．それは，気相と液相の局所的な存在割合，流速に依存して大きく変わるが大別すると次の4種類に分類される．なお，気液二相流の流動特性を検討するにあたり主に次のパラメータが使用される．

ある断面における気相の面積割合をボイド率（void fraction）α といい，気相と液相の占める面積をそれぞれ A_g，A_l とすると，

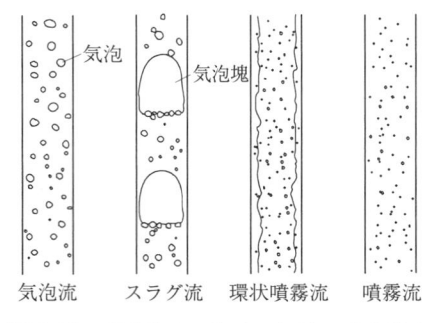

図 6.19 鉛直管内の気液二相流の流動様式

$$\alpha = \frac{A_g}{A_g + A_l} \tag{6.4}$$

また,気相と液相の体積流量と速度をそれぞれ,Q_g, Q_l, u_g, u_l とすると,

$$\left. \begin{array}{l} u_g \alpha \equiv j_g = \dfrac{Q_g}{A_g + A_l} \\[2mm] u_l(1-\alpha) \equiv j_l = \dfrac{Q_l}{A_g + A_l} \end{array} \right\} \tag{6.5}$$

ここで,j_g, j_l は気相と液相の体積流束で全体積流束を j とすると,

$$j = j_g + j_l$$

j に対する j_g の比を体積流量比 β と呼び次式で表される.

$$\beta = \frac{j_g}{j} = \frac{j_g}{j_g + j_l} = \frac{Q_g}{Q_g + Q_l} \tag{6.6}$$

管内気液二相流の流動様式:

- 気泡流(bubbly flow):多数の小気泡が液相内を分散して流れる混相流
- スラグ流(slug flow):管断面にわたる大きな気泡塊が液体内に気泡流と交

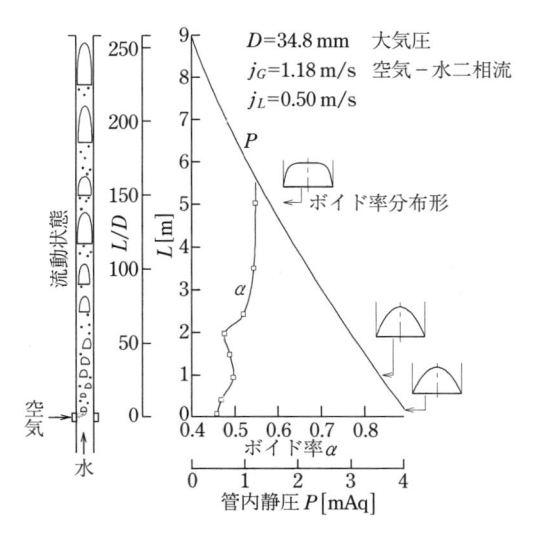

図 6.20 鉛直管の静圧分布,ボイド率

互に存在する流れでせん状流（plug flow）ともいう
・環状流（annular flow）：液相が管壁面上に気相が管中心近傍に存在する流れ
・噴霧流（mist flow）：気相が主流でその中に液滴が存在する流れ

気相の体積流量 Q_a が小さい場合には気泡流となり Q_a が増加するにしたがってスラグ流，環状流，噴霧流が現れる．

図 6.20 に，鉛直管（直径 $D = 34.8$ mm）を上昇する空気-水二相流の流れの概略とボイド率分布 α，静圧分布 P を示す．α は，空気が混入されたあとで大きく変化する．なお，α, P を予測する幾つかの実験式が提案されている．

水平管についての説明は省略する．

（2）気液二相流の幾つかの実際例

（a）鉛直加熱管内の流動の例　ボイラなどの蒸発管では，水が管の下部から流入し上昇するにつれて周囲からの加熱により沸騰し最終的には蒸気になる．この間の経緯を，図 6.21 に示す．流動状態は，蒸気（気相）の増加とともに先に示したように気泡流，スラグ流，環状流，噴霧流，を経て蒸気流となる．図には参考のため，熱伝達率，クオリティ（quality, 全流量に対する気相の質量割合）x なども示した．

（b）気泡ポンプ　図 6.22 に，気泡ポンプの模式図を示す．気泡ポンプは，液中に設置したパイプ（揚液管）の下部から気体（気泡）を混入し，その上昇に伴って液体を随伴，揚液する装置である．すなわち，気液間の密度差を利用した揚液装置（ポンプ）である．揚液量 Q_l は，揚液管の下部と上部に運動量理論を適用し次のよう求められている．

$$Q_l = A \sqrt{2g(H_s + H) \frac{\sigma_h - (1 - \bar{\alpha})}{C_1(1-\bar{\alpha})^{1.75} + C_2 + C_3}} \tag{6.7}$$

ここで，$\sigma_h = H/L$，$C_1 = \lambda L/D$，$C_2 = \lambda L/D$，$C_3 = 2\alpha_2/(1-\alpha_2)$，$\lambda$ は管摩擦損失係数である．

すなわち，平均ボイド率が与えられると揚液量 Q_l が求められる．

揚液の他に，固体粒子を輸送する気泡ポンプなどがある．

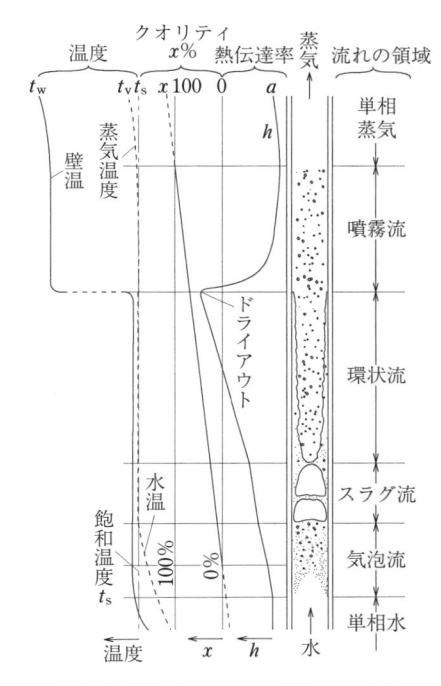

図 6.21　鉛直蒸発管内の流動状態 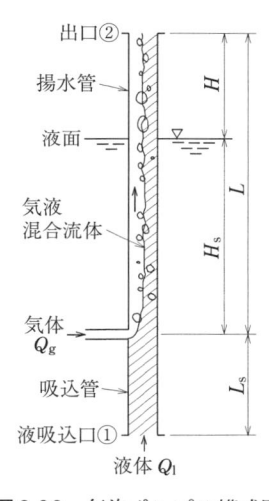　　図 6.22　気泡ポンプの模式図

(c) エアレーション，マイクロバブル

　気体を液体に吸収させる操作，例えば，空気（酸素）を水に溶解させる操作，すなわちエアレーションは下水処理の前段階や水生生物への酸素供給などで身近にみることができる．また，他に，炭酸水を製造するためのカーボネーションや殺菌・滅菌のためのオゾン水の生成，などがある．この際，気泡が水中に噴出され気液二相気泡流となるのが一般的である．

　また，その吸収効率を向上させるには気液界面の接触面積を増加させること，すなわち，小さな気泡（マイクロバブル）の使用が効果的である．マイクロバブルの定義は曖昧であるが，例えば，数十μm以下の大きさの気泡をいうのが一般的である．

　その生成には種々の方法があるが，簡便な手法の一つに，水中に高速の水噴流を噴出させた際に生じる水噴流外縁の速度勾配の大きなせん断層に気泡を誘

引させそのせん断力で気泡を分裂，微小化させる方法などがある．

6.3.2 その他の混相流
(1) 固気二相流
微粉粒子を含む固気二相流は，粉体工学や化学工学の分野でしばしばみられる．例えば，微粉粒子のジェット粉砕や気流分級（微粉粒子の大きさを選り分ける操作），集塵（サイクロン分離），前述の空気輸送，および粉体塗装，などにおいてである．

例えば，分級機や集塵機については分級や分離・捕集可能な最小粒子径および運転動力などの解析が，また固体粒子の空気輸送については管内濃度と流動損失，運転動力との関係などの解析がなされている．

また，自然界では風による砂の巻上げ・輸送，黄砂，などがある．

(2) 固液二相流
固体粒子を含む固液二相流は，前述の管路による土砂の水力輸送や化学産業，食品産業における固形物の管路輸送などでみられる．

また，自然界では水底の砂の水流による巻上げ・輸送，などがある．

6.4 流体機械における流れ

流体機械（fluid machinery）は，ポンプ，水車をはじめとして，油圧機械や空気圧機械など，その他，流体と機械との間でエネルギーの授受（エネルギー変換）を行う機械の総称をいう．ポンプ（pump）や送風機（fan）は機械の動力を流体に与えて流体を輸送し，水車（hydraulic turbine）や風車（wind turbine）は流体のエネルギーを用いて機械を駆動する．ポンプ，送風機，水車，風車など回転する羽根によって，流体とのエネルギーの授受を行う流体機械をターボ機械（turbo machinery）という．本節では，ターボ機械の性能について述べる．

流体機械の形状，寸法，動力，特性などは，対象となる流体や使用環境によって様々である．これらの個々の条件に応じて流体機械の設計を行うことには無駄があり，そのために機械として統一的な力学的条件（力学的相似則）によって普遍的な条件を定め，それに基づいて個々の用途に応じてパラメータを変えていく方が系統立てた設計として有益である．流体機械の性能を決定するパ

ラメータには回転数，流量，圧力，動力などがあり，これらを用いた力学的相似則によって各種の流体機械の性能を評価する方法を以下に説明する．

6.4.1 流体機械の動力

流体のもつ全ヘッドを H とすると，ベルヌーイの定理〔式 (2.4)，参照〕から次式が得られる．

$$gH = \frac{V^2}{2} + \frac{p}{\rho} + gz \tag{6.8}$$

ここで，各項は単位質量当たりのエネルギーを表し，gH は全エネルギー，$V^2/2$ は速度エネルギー，p/ρ は圧力エネルギー，gz は位置エネルギーを表す．単位質量当たりの流体がもつ力学的エネルギーが gH であるとき，流量 Q 当たりの流体の力学的エネルギーは $\rho Q g H$ となり，これを流体動力（fluid power）という．

$$L = \rho Q g H \tag{6.9}$$

ターボ機械の種類は回転軸に対する流れの方向によって分類され，半径流式（radial flow type），斜流式（diagonal flow type），軸流式（axial flow type）に大別される．半径流式は，遠心式（centrifugal type）とも呼ばれる．

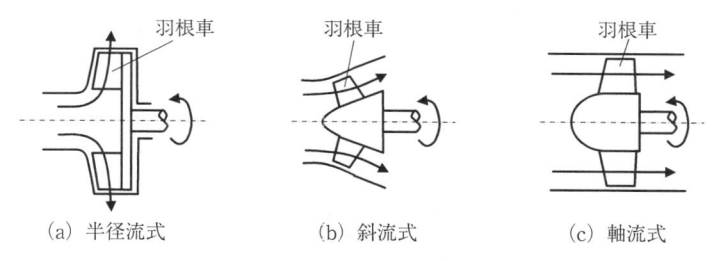

(a) 半径流式　　(b) 斜流式　　(c) 軸流式

図 6.23　ターボ機械の種類

6.4.2 相似則

ターボ機械の羽根車が，ヘッド H，流量 Q，回転数 n，動力 L の状態から，効率が一定のまま，ヘッド H_1，流量 Q_1，回転数 n_1，動力 L_1 の状態に変化したとする．次元解析からわかるようにヘッド H は，流速の 2 乗に比例する．流体機械の場合，流速は羽根車の周速度，つまり回転数 n に比例する．したが

って，流体機械のヘッド H は回転数 n の2乗に比例するため状態変化前後の諸量の比をとると，次の関係が成り立つ．

$$\frac{n_1^2}{n^2} = \frac{H_1}{H} \quad \therefore n_1 = n\frac{\sqrt{H_1}}{\sqrt{H}} \tag{6.10}$$

また，流量 Q は流速に，すなわち回転数 n に比例するため，ヘッドの平方根に比例する．したがって，状態変化による流量とヘッドとの関係は次のようになる．

$$\frac{n_1^2}{n^2} = \frac{Q_1^2}{Q^2} = \frac{H_1}{H} \quad \therefore Q_1 = Q\frac{\sqrt{H_1}}{\sqrt{H}} \tag{6.11}$$

流体機械の動力 L は流量 Q とヘッド H の積に比例するため，動力は QH つまり $H\sqrt{H}$ に比例することになる．したがって，状態変化による動力とヘッドの関係は次のようになる．

$$\frac{L_1}{L} = \frac{Q_1 H_1}{QH} = \frac{\sqrt{H_1}\,H_1}{\sqrt{H}\,H} \quad \therefore L_1 = L\frac{\sqrt{H_1}\,H_1}{\sqrt{H}\,H} = L\frac{H_1^{3/2}}{H^{3/2}} \tag{6.12}$$

ここで，ヘッドのみを変化させて $H_1 = 1\,[\mathrm{m}]$ にすると，式 (6.10)～(6.12) はそれぞれ，

$$n_1 = \frac{n}{\sqrt{H}} \tag{6.13}$$

$$Q_1 = \frac{Q}{\sqrt{H}} \tag{6.14}$$

$$L_1 = \frac{L}{H^{3/2}} \tag{6.15}$$

つぎに，ヘッドを $H_1 = 1\,[\mathrm{m}] = $ 一定とし流量 Q を変化させる．ヘッドが一定のとき流速も一定なので，流量を変化させるには羽根車の寸法を変えなければならない．羽根車の代表寸法として直径 D をとると，流量 Q は D^2 に比例して変化する．しかし，ヘッド H_1 が一定であるためには流速も一定となる必要があるので，直径 D が変化しても回転数は一定でなくてはならない．したがって，直径 D が増加すると周速度は減少する，つまり直径 D と回転数 n は反比例する．これらの羽根車の形状と状態変化によって，流量 Q_1，回転数 n_1，寸法 D の状態から，流量 $1\,\mathrm{m^3/s}$，回転数 n_q，寸法 D_q の状態へ変化したときには次

の関係が成り立つ．

$$\frac{Q_1}{1} = \frac{D^2}{D_q^2} = \frac{1/n_1^2}{1/n_q^2} \quad \therefore n_q = n_1\sqrt{Q_1} \tag{6.16}$$

式 (6.13) と (6.14) を用いて上式を書き換えると，

$$n_q = \frac{n}{\sqrt{H}}\sqrt{\frac{Q}{\sqrt{H}}} = n\frac{\sqrt{Q}}{H^{3/4}} \tag{6.17}$$

ここで，n_q は比速度（specific speed）といわれ，羽根車の寸法を変化させた場合の特性を比較するパラメータとして用いられる．つまり，n_q は幾何学的に相似な羽根車を考えた場合，羽根車内の流れの速度が相似になるように，すなわち速度三角形（velocity triangle）が成り立つように，ヘッド 1 m の条件下で流量 1 m³/s が流れるように寸法を変えた場合の羽根車の回転数を示したものである．ここで速度三角形は図 6.24 で示すように流れの絶対速度 c，流れの羽根車に相対的な速度 w，羽根車の周速度 u で決まる．

水車の場合には，出力（動力）L を目安として設計が行われるため，回転数 n，ヘッド H，出力 L を用いた以下に示す比速度が用いられる．式 (6.9) の $L=\rho QgH$ の関係から $Q \propto L/H$ となるので，式 (6.17) の Q を L と H で書き

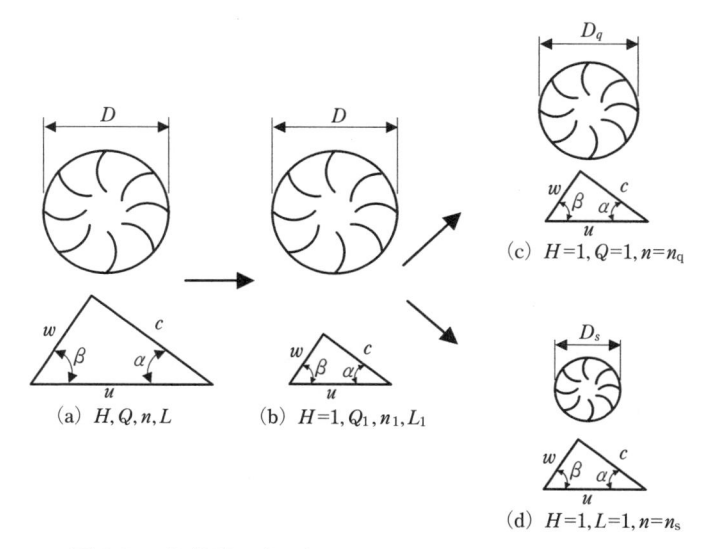

図 6.24 相似則が成り立つときの羽根車寸法と速度三角形

換えると，ある水車をヘッド1mの条件下で出力1Wを出力するように幾何学的に相似な寸法に変えた場合の羽根車の回転数が得られる．これを水車の比速度 n_s と定義する．

$$n_s = n \frac{\sqrt{L}}{H^{5/4}} \tag{6.18}$$

なお，比速度を示すときには，計算に使用する量の単位を明記することになっている．例えば，水車の比速度の計算では，回転数 n [rpm]，動力 L [kW]，ヘッド H [m] を用いたときには，比速度 n_s [rpm, kW, m] と記述する．

6.4.3 ポンプ

ポンプは羽根車の回転により液体にエネルギーを与え，これを低圧部から高圧部に送るために使用される．例えば，吸水タンクから吸込管を通って導かれた液体，水は羽根車でエネルギーを与えられ，吐出管を通じて貯水タンクに送られる（図6.25，参照）．いま，吸水タンクから貯水タンクまでの高さを H_a，ポンプまでの高さを H_s，ポンプから吐出管までの高さを H_d とし，ポンプからみて吸込管側での損失を h_s，吐出管側での損失を h_d とすると，液体を輸送するためにポンプが発生すべきヘッド（ポンプヘッド）H は次のようになる．

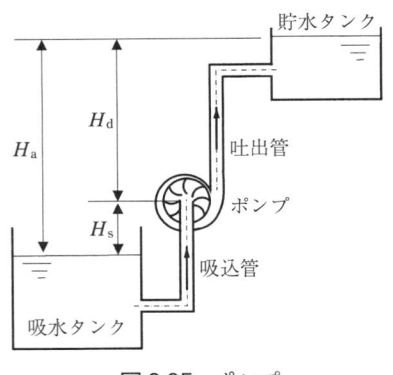

図6.25　ポンプ

$$H = (H_s + h_s) + (H_d + h_d) = H_a + h_s + h_d \tag{6.19}$$

ポンプが発生する動力 L は式 (6.9) で示したとおり，ポンプヘッド H と流量 Q を用いて次のように与えられる．

$$L = \rho Q g H \tag{6.20}$$

実際のポンプでは回転軸などの機械系の損失が発生するため，ポンプ軸を回すのに必要な動力（軸動力）L_s がそのまま液体への動力としては伝わらない．そのためポンプ効率 η は，次のように定義される．

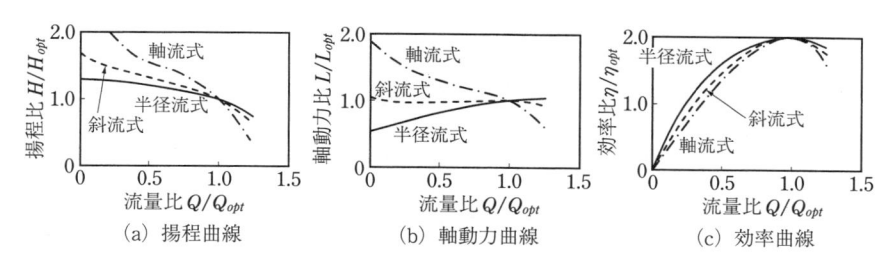

6.4 流体機械における流れ　185

図6.26 (a) 揚程曲線　(b) 軸動力曲線　(c) 効率曲線

図 6.26　ポンプの特性曲線（添え字 *opt* は設計値を示す）

$$\eta = \frac{L}{L_s} = \frac{\rho Q g H}{L_s} \tag{6.21}$$

したがって，ポンプを運転するのに必要な軸動力 L_s は，

$$L_s = \frac{L}{\eta} \tag{6.22}$$

ポンプ流量 Q に対する揚程（ヘッド）H の変化を表した揚程曲線と効率 η の変化を示した効率曲線とを比較すると，通常は，最高効率時の流量と最大ヘッドのときの流量は異なる（図 6.26，参照）．

6.4.4　送風機

送風機は気体にエネルギーを与え，これを圧力の低い所から高い所へ送るために使用される．送風機は圧力によって名称が異なり，9.8 kPa（1 m水柱）以下の低圧のものをファン，98 kPa（10 m水柱）程度までのものをブロア（blower）といい，これ以上の高い圧力のものを圧縮機（compressor）という．ここでは，気体の圧縮性を考慮しない送風機について述べる．図 6.27 に，軸流送風機による送風の例を示す．大気中の吸込口から導かれた気体は羽根車でエネルギーを与えられ，大気中の吐出口から送り出される．吸込口に吸い込まれる気体は大気中では静止しているため，ゲージ圧は $p_1 = 0$，速度は $V_1 = 0$ となり，吸込口での全ヘッド H_1 は，

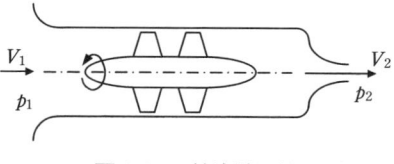

図 6.27　軸流送風機

$$H_1 = \frac{V_1^2}{2g} + \frac{p_1}{\rho g} = 0 \tag{6.23}$$

ここで，気体は密度が小さいため位置エネルギーを無視した．吸い込まれた気体は送風機でエネルギーを与えられ，吐出口で圧力 p_2，速度 V_2 で送り出されるとき，吐出口での全ヘッド H_2 は，

$$H_2 = \frac{V_2^2}{2g} + \frac{p_2}{\rho g} \tag{6.24}$$

送風機からみて吸込口側での損失を h_s，吐出口側での損失を h_d とし，気体を送り出すために送風機が発生すべきヘッド（送風機ヘッド）H を用いて系全体でのエネルギーバランスを表すと次のようになる．

$$H_1 + H = H_2 + h_s + h_d$$
$$\therefore H = -H_1 + H_2 + h_s + h_d = \frac{V_2^2}{2g} + \frac{p_2}{\rho g} + h_s + h_d \tag{6.25}$$

気体は密度が小さいためヘッドよりも圧力で表示した方が理解しやすいので，送風機ヘッド H を圧力 p_t に換算して表すと，

$$p_t = \rho g H \tag{6.26}$$

流量 Q で送風するときの送風機が気体に与える動力は，

$$L = \rho Q g H = p_t Q \tag{6.27}$$

実際の送風機では回転軸などの機械系の損失が発生するために，送風機へ供給した軸動力 L_s がそのまま気体への流体動力としては伝わらない．そのため送風機効率 η は，次のように定義される（図 6.28）．

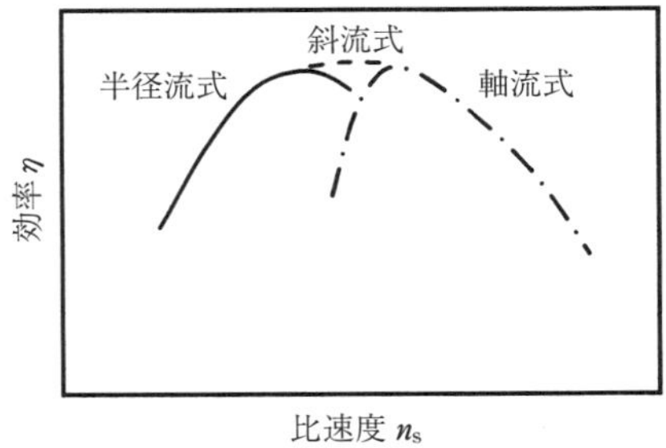

図 6.28 送風機の特性曲線

$$\eta = \frac{L}{L_s} = \frac{\rho Q g H}{L_s} \tag{6.28}$$

したがって，送風機を運転するのに必要な軸動力 L_s は，

$$L_s = \frac{L}{\eta} \tag{6.29}$$

6.4.5 水　車

　水車は，水が高所から低所に送られる途中に置かれた羽根車の回転によりエネルギーを得るために使用される．図6.29に，水車による発電の例を示す．上部の貯水池から導水管を通って導かれた水は羽根車にエネルギーを与え，吸出管を通じて下流の川へ放出される．池と川との間の高低差（全落差）を H_t，水車からみて導水管側での損失を h_1，吸出管側での損失を h_2 とすると，水車前後の損失を除いて実質的に水が水車に作用する落差（有効落差）H は次のようになる．

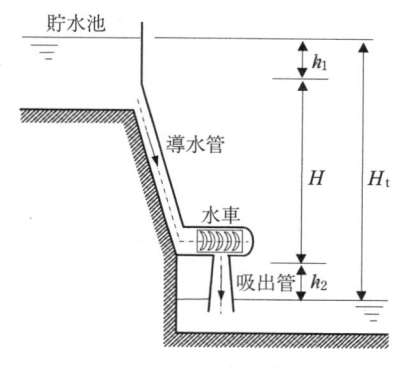

図6.29　水　車

$$H = H_t - h_1 - h_2 \tag{6.30}$$

水車において発生し得る動力（水動力）は，

$$L = \rho Q g H \,[\mathrm{W}] = \frac{\rho Q g H}{1000} \,[\mathrm{kW}] \tag{6.31}$$

水車においても機械摩擦などの機械系の損失が発生するので水車効率を η とすると水車の軸出力 L_s は，

$$L_s = \eta L \tag{6.32}$$

水車には，反動形タービン (reaction turbine) に半径流式のフランシス水車，斜流式のデリア水車，軸流式のカプラン水車があり，衝動形タービン (impulse

表6.1　水車の種類

形式		水車	比速度 n_s [rpm, kW, m]
衝動形		ペルトン水車	10～25
反動形	半径流式	フランシス水車	60～300
	斜流式	斜流（デリア）水車	100～350
	軸流式	プロペラ（カプラン）水車	250～800

turbine）にペルトン水車がある．ペルトン水車は，水噴流が水受けに衝突する際の衝撃力（運動量の定理）を利用したものである．

6.4.6 風 車

風車は，風がもつエネルギーから回転翼によりエネルギーを得るために使用される．風車の上流からの風は回転翼にエネルギーを与え，下流側に流れ去る．風速を V，回転翼の回転面積（掃過面積）を A とすると，風車に流入する風の質量流量は ρVA，単位質量当たりの風の運動エ

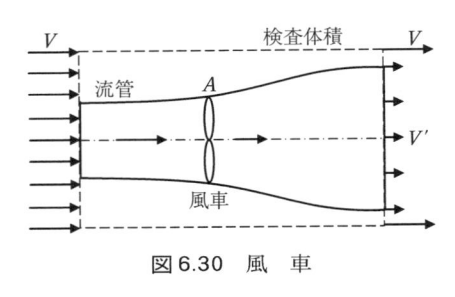

図 6.30 風 車

ネルギーは $V^2/2$ であるので，風車を通過する風のエネルギー L は，

$$L = \rho VA \cdot \frac{1}{2} V^2 = \frac{1}{2} \rho V^3 A \tag{6.33}$$

風車においても回転翼の効率などがあるので風車効率を η とすると風車の軸出力 L_s は，

$$L_s = \eta L \tag{6.34}$$

機械的な損失がなく，回転翼だけの流体力学的な理論効率を求めるには，無限に長い流管中に翼枚数が無限の理想的な風車（作動円板，actuator disk）を

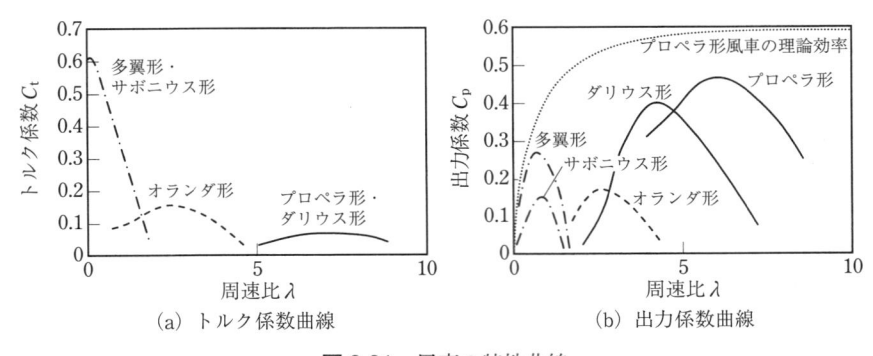

(a) トルク係数曲線

(b) 出力係数曲線

図 6.31 風車の特性曲線

置いて運動量の定理とエネルギー保存則を適用する．その結果，理論効率は $\eta = 16/27 = 0.593$ となり，これはベッツ（Betz）の効率として知られる．

風車の特性を評価するには，風車の回転半径を R，角速度を ω として，周速比（tip speed ratio）$\lambda = R\omega/V$ を考える．これは風速 V に対する風車回転速度 $R\omega$ の比となる．図 6.31 に，周速比 λ に対する風車トルクの変化を表したトルク係数曲線と λ に対する出力 L の変化を表した出力係数曲線を示す．低周速比で運転される，つまり回転数が遅い風車はトルク係数が高く，起動性は良いが出力は小さい．これに対して高周速比で運転される風車はトルク係数は小さく起動はし難いが出力係数は高い．

第 6 章の演習問題

(6-1)

屋外で大気観測を行ったら高さ20 mで風速5 m/s，高さ50 mで風速6 m/sであった．高さ40 mにおける風速を対数法則から推定しなさい．また，粗度長を求めなさい．ただし，大気は中立状態とし，カルマン定数は0.35とする．

(6-2)

回転数3600 rpm，流量0.2 m³/min，ヘッド50 mの羽根車の比速度を求めなさい．また，この比速度と回転数を保ったままヘッドを30 mに変化させたときの流量を求めなさい．

(6-3)

吸水タンクから貯水タンクまでポンプで水を汲み上げる．吸水タンクと貯水タンクの水面の高さの差は10 mで，吸込管および吐出管での損失ヘッドがそれぞれ1 mと3 mである．ポンプが発生する動力が50 kWのとき，流量を求めなさい．また，ポンプ効率が85％のときポンプを運転するのに必要な軸動力を求めなさい．

(6-4)

貯水池から川まで導いた導水管の途中に水車を設置して発電を行う．貯水池と川との高低差は100 mで，導水管および吸出管での損失ヘッドがそれぞれ8 mと2 mである．水車に作用する有効落差を求めなさい．また，流量が10 m³/

s，水車効率が80％のとき水車が発生する軸動力を求めなさい．

(6-5)

　直径20 mの風車が風速13 m/sで運転しているとき，風車を通過する風のエネルギーを求めなさい．また，このとき風車の軸出力が100 kWのとき，風車効率を求めなさい．ただし空気密度を1.225 kg/m^{3}とする．

演習問題の解答

第1章

(1-1) 微小領域での釣合い式をたてると，

(a) $\dfrac{\partial \rho}{\partial t} + \dfrac{\partial \rho u S}{\partial x} = 0$

(b) $\dfrac{\partial \rho u}{\partial t} + \dfrac{\partial \rho u u S}{\partial x} = -\dfrac{\partial p S}{\partial x}$

(c) $\dfrac{\partial T}{\partial t} + \dfrac{\partial u T S}{\partial x} = \dfrac{\lambda}{\rho C_v} \dfrac{\partial}{\partial x}\left(\dfrac{\partial T S}{\partial x}\right)$

(1-2) 運動方程式の回転をとると導くことができる．

$$\text{rot}\left(\dfrac{\mathrm{D}\boldsymbol{u}}{\mathrm{D}t}\right) = \text{rot}(-\nabla p + \nu \nabla^2 \boldsymbol{u}) = \dfrac{\mathrm{D}\boldsymbol{\omega}}{\mathrm{D}t} = (\boldsymbol{\omega}\cdot\nabla)\boldsymbol{u} + \nu \nabla^2 \boldsymbol{\omega}$$

$$(\because \text{rot}\,\boldsymbol{u} = \boldsymbol{\omega},\ \text{rot}\,\nabla p = 0)$$

二次元の場合，例えば，x-y 平面について考えると渦度 $\boldsymbol{\omega}=(0,0,\omega_z)$ は z 軸まわりの回転成分しか存在しない．その結果，渦度の輸送方程式の右辺第1項が必ずゼロとなり，渦度は流れに輸送されかつ右辺の拡散項により拡散される機構しか起こらない（渦の引伸ばしによる渦度の強化などの三次元化による重要な機構が二次元の場合には起こらない）．

(1-3) 非圧縮が仮定できる流れ場は［例題 1-14］に示したように，粘性応力による熱の発生が無視できるなら，内部エネルギーの変化と運動エネルギーをそれぞれ分けて考えることができる（自然対流の流れ場では運動方程式中に温度分布に応じた浮力が発生するので，熱輸送の支配方程式が必要である）．

(1-4)

(a) $m\dfrac{\mathrm{d}^2 \boldsymbol{x}_p}{\mathrm{d}t^2} = -mg\boldsymbol{e}_g + \boldsymbol{F}$

(b) 流れの運動方程式は，流れ場が受ける力は粒子が十分に小さいとすると，

$$\rho\left(\frac{\mathrm{D}\boldsymbol{u}}{\mathrm{D}t}\right) = -\nabla p + \mu \nabla^2 \boldsymbol{u} + \rho g \boldsymbol{e}_\mathrm{g} - \boldsymbol{F}\delta(\boldsymbol{x}-\boldsymbol{x}_p)$$

ここで，$\boldsymbol{e}_\mathrm{g}$ は重力方向の単位ベクトル，$\delta(\boldsymbol{x})$ はデルタ関数である．

(1-5)
$$\frac{\mathrm{D}\tilde{\boldsymbol{u}}}{\mathrm{D}\tilde{t}} = -\frac{1}{\tilde{\rho}}\tilde{\nabla}\tilde{p} + \tilde{\nabla}^2 \tilde{\boldsymbol{u}}$$

第 2 章

(2-1)

(a) $u = \dfrac{\partial \phi}{\partial x} = \sinh x \sin y,\ v = \dfrac{\partial \phi}{\partial y} = \cosh x \cos y$

$$\nabla \cdot \boldsymbol{u} = \frac{\partial^2 \phi}{\partial x^2} + \frac{\partial^2 \phi}{\partial y^2} = 0,\ \omega = \frac{\partial v}{\partial x} - \frac{\partial u}{\partial y} = 0$$

(b) $\psi = -\sinh x \cos y + c$ より流量 $Q = -\sinh x_1 \cos y_1$

(c) 圧力方程式から，

$$\frac{p}{\rho} + \frac{1}{2}(u^2 + v^2) = \frac{p_0}{\rho} + \frac{1}{2}(u_0^2 + v_0^2)$$

原点では $u = 0,\ v = 1$ より

$$\frac{p}{\rho} = \frac{p_0}{\rho} - \frac{1}{2}(\sinh^2 x_1 \sin^2 y_1 + \cosh^2 x_1 \cos^2 y_1) + \frac{1}{2}$$

(2-2)

(a) $W = \dfrac{Q}{2\pi}\ln(z - hi)$

(b) $W = \dfrac{Q}{2\pi}\ln(z - hi) + \dfrac{Q}{2\pi}\ln(z + hi) = \dfrac{Q}{2\pi}\ln(z^2 + h^2)$

$y = 0$ を代入すると $\psi = 0$ となるので，$y = 0$ の場所は流線で壁と見なすことができる．

(c) $\dfrac{\mathrm{d}W}{\mathrm{d}z} = \dfrac{Q}{2\pi(z^2 + h^2)}$ より，また，壁上では $z = x,\ v = 0$ より，

$$u = \frac{Q}{2\pi(x^2+h^2)}$$

また，無限遠方では速度がゼロなので，$\dfrac{p}{\rho} = \dfrac{p_0}{\rho} - \dfrac{1}{8}\left(\dfrac{Q}{\pi(x^2+h^2)}\right)^2$

(d) 渦の複素ポテンシャル W_v とその鏡像 W_{vb} はそれぞれ，

$$W_v = -\frac{\varGamma i}{2\pi}\ln(z-hi), \quad W_{vb} = \frac{\varGamma i}{2\pi}\ln(z+hi)$$

(e) $\dfrac{d(W_v + W_{vb})}{dz} = \dfrac{\varGamma h}{\pi(z^2+h^2)}$ より $\dfrac{p}{\rho} = \dfrac{p_0}{\rho} - \dfrac{1}{2}\left(\dfrac{\varGamma h}{\pi(x^2+h^2)}\right)^2$

(2-3)

(a) 半径 R の円柱周りの流れは，

$$W = V_\infty z + \frac{R^2 V_\infty}{z}$$

式 (2.62) より $\zeta = z + c^2/z$ とすると $R + c^2/R = a^2$, $R - c^2/R = b^2$ から，$R = (a+b)/2$, z 面上では $W = V_\infty z + \dfrac{V_\infty(a+b)^2}{4z}$

(b) ζ 面上での速度は，

$$\frac{dW}{d\zeta} = \frac{dW}{dz} \Big/ \frac{d\zeta}{dz} = V_\infty\left(1 - \frac{R^2}{z^2}\right) \Big/ \left(1 - \frac{c^2}{z^2}\right) = \frac{V_\infty(z^2 - R^2)}{z^2 - c^2}$$

となり，楕円の表面は $z = Re^{i\theta}$ を代入すると表面上の速度が得られる．

第 3 章

(3-1)

流量 Q は，式 (3.7) から求まりそれを管断面積でわると平均流速 u_m が求まる．

$$u_m = [-\pi R^4/(8\mu)](dp/dx)/(\pi R^2) = [-R^2/(8\mu)](dp/dx) \tag{a}$$

最大流速 u_{max} は管中心 $r=0$ で生じるので式 (3.5) より，

$$u_{max} = [-R^2/(4\mu)](dp/dx) \tag{b}$$

式 (a), (b) より，$u_{max} = 2u_m$

(3-2)
速度分布に 1/7 乗則を用い，問題 3-1 と同様の計算を行うと解が得られる．

(3-3)
ハーゲンポアズイユ流れを仮定すると，管内を流れる流量 Q は式 (3.7) で求められる．つぎに，かなり直径 d の小さい長さ l （例えば，$d=1.0$ mm，$l=300$ mm）のガラス管を用意し，それを水平に設置して一定水頭 h （例えば，$h=100$ mm）の容器につなぎ液体を流す．ガラス管の出口で流量 Q をストップウオッチとメスシリンダーなどを使って測定しそれを式 (3.7) に代入すると液体の粘度 μ が求められる．なお，式 (3.7) 中の $\Delta P/l$ は h で与えられる．

(3-4)
式 (3.15)～(3.18) 中の運動量の項で表される検査体積に流出，流入する x 方向への運動量の差とせん断応力と圧力による力の和とを等しくおくと，

$$\rho[u+(\partial u/\partial x)\mathrm{d}x]^2\mathrm{d}y - \rho u^2\mathrm{d}y + \rho[v+(\partial v/\partial y)\mathrm{d}y]$$
$$\times [u+(\partial u/\partial y)\mathrm{d}y]\mathrm{d}x - \rho vu\mathrm{d}x$$
$$= \mu(\partial^2 u/\partial y^2)\mathrm{d}x\mathrm{d}y - (\partial p/\partial x)\mathrm{d}x\mathrm{d}y$$

上式を展開し連続の式 (3.20) を使って整理すると式 (3.23) が得られる．なお，その際，微分項の 2 乗の項は微小として無視する．

(3-5)
$$u = C_1 + C_2 y + C_3 y^2 + C_4 y^3 \tag{3.32}$$

いま，境界条件は，

① $y=0$ で $u=0$，　② $y=\delta$ で $u=U$，$\partial u/\partial y=0$，

③ 圧力勾配はないとすると式 (3.23) から，$y=0$ で $\partial^2 u/\partial y^2 = 0$

式 (3.32) と境界条件 ① より，	$C_1 = 0$	(a)
境界条件 ② $y=\delta$ で $u=U$ より，	$U = C_2\delta + C_3\delta^2 + C_4\delta^3$	(b)
境界条件 ② $y=\delta$ で $\partial u/\partial y = 0$ より，	$0 = C_2 + 2C_3\delta + 3C_4\delta^2$	(c)
境界条件 ③ $y=0$ で $\partial^2 u/\partial y^2 = 0$ より，	$C_3 = 0$	(d)
式 (c)，(d) より，	$C_2 = -3C_4\delta^2$	(e)
これを式 (b) に代入すると，	$C_4 = -U/(2\delta^3)$	(f)
式 (e) を式 (d) に代入すると，	$C_2 = 3U/(2\delta)$	

求められた C_4～C_4 を式 (3.32) に代入し整理すると速度分布式 (3.33) を得

る.
$$u/U = (3/2)(y/\delta) - (1/2)(y/\delta)^3$$

(3-6)

20℃, 大気圧での空気の粘度は $\nu = 1.512 \times 10^{-7}\,\mathrm{m^2/s}$ なので, $x_1 = 10\,\mathrm{cm}$ でのレイノルズ数は,

$$Re = ux_1/\nu = 2 \times 0.1/(1.512 \times 10^{-7}) = 1.323 \times 10^4$$

したがって, $Re < 5 \times 10^5$ なので $x_1 = 10\,\mathrm{cm}$ での境界層は層流境界層でその厚さ δ_1 は, 式 (3.38) より,

$$\delta_1 = 4.64 \times x_1/Re_x^{1/2}$$
$$= 4.64 \times 0.1 \times (1.323 \times 10^4)^{-1/2} = 0.00403\,\mathrm{m} = 4.03\,\mathrm{mm}$$

$x_2 = 30\,\mathrm{cm}$ での境界層厚さ δ_2 も上記と同様に,

$$\delta_2 = 4.64 \times x_2/Re_x^{1/2}$$
$$= 4.64 \times 0.3 \times (3.949 \times 10^4)^{-1/2} = 0.0070\,\mathrm{m} = 7.0\,\mathrm{mm}$$

$x_1 = 10\,\mathrm{cm}$ から $x_2 = 30\,\mathrm{cm}$ の間に境界層の外縁から流入する流量 ΔQ は二つの位置での流量差を求めればよい.

いま, 任意の位置での境界層内の流量 Q は単位深さ当たり,

$$Q = \int_0^\delta u\,\mathrm{d}y = \int_0^\delta U\left[\frac{3}{2}\left(\frac{y}{\delta}\right) - \frac{1}{2}\left(\frac{y}{\delta}\right)^3\right]\mathrm{d}y = \frac{5}{8}U\delta$$

したがって,

$$\Delta Q = 0.625\,U(\delta_2 - \delta_1) = 0.625 \times 2 \times (0.0070 - 0.00403) = 0.00371\,\mathrm{m^3/s}$$

(3-7)

$$Re = Ul/\nu = 5 \times 1.5\rho/\mu = 5 \times 1.5 \times 1.22/(0.17 \times 10^{-4}) = 5.38 \times 10^5$$

いま, $5 \times 10^5 < Re < 5 \times 10^6$ なので, 式 (6.79) から,

$$C_\mathrm{f} = 0.455/(\log Re)^{-2.58} - 1700/Re = 1.873 \times 10^3$$
$$D = C_\mathrm{f}(\rho/2)U^2 A = 0.0428\,\mathrm{N}$$

$$\theta = \theta_\mathrm{c} + \int_{x_c}^{x} 0.0288\,(Re)^{-1/5}\,\mathrm{d}x$$

$$= 1.492 \times 10^{-3}$$

$$\delta = \theta_\mathrm{t}/0.0792 \fallingdotseq 0.0153\,\mathrm{m}$$
$$= 15.3\,\mathrm{m}$$

(3-8)
$$\delta = 5.48(Ux/\nu)^{-1/2}x = 5.48 Re_x^{-1/2}x$$
$$\tau_w = 0.73(Ux/\nu)^{-1/2}(\rho U^2/2) = 0.73 Re_x^{-1/2}(\rho U^2/2)$$
$$C_f = D/[(\rho/2)U^2 b l] = 1.46/(Ul/\nu)^{1/2} = 1.46 Re_l^{-1/2}$$

(3-9)
$$\delta^* = \frac{1}{U}\int_0^\delta (U-u)\,dy = \int_0^\delta \left[1-\left(\frac{y}{\delta}\right)^{1/7}\right] dy = \frac{\delta}{8}$$
$$\theta = \frac{1}{U^2}\int_0^\delta u(U-u)\,dy = \int_0^\delta \left(\frac{y}{\delta}\right)^{1/7}\left[1-\left(\frac{y}{\delta}\right)^{1/7}\right] dy = \frac{7}{72}\delta = 0.0972\delta$$

(3-10)
このレイノルズ数で，円柱や球面上の境界層が層流境界層から乱流境界層に遷移することによる．すなわち，円柱の前方よどみ点から表面に沿って発達した層流境界層が乱流境界層に遷移する位置が前方に移動し，境界層内外での流体粒子の混合が促進されるため境界層内にエネルギーが供給されはく離点が後方に移動する．その結果，後流領域が縮小し抵抗すなわち C_d 値が小さくなる．

(3-11)
いま，$U = 150$ km/s $= 41.67$ m/s
式 (3.141) より，
$$D = C_d A(\rho U^2/2) = 0.25 \times 2 \times (1.22 \times 41.67^2/2) = 529.6 \text{ N}$$
所要動力は，
$$W = DU = 529.6 \times 41.67 = 22.07 \text{ kW}$$

(3-12)
球形気泡の運動方程式は，気泡に働く外力を，重力，抵抗力 D，浮力のみとすると，
$$m(du/dt) = -mg - D + (m/\rho a)\rho w g$$
$$= mg(\rho w - \rho a)/\rho a + C_d(\rho w u^2/2)A$$
ここで，g は重力加速度，A は気泡の投影面積，C_d は抵抗係数
終端速度では，$du/dt = 0$ なので
$$u = [2mg(\rho w - \rho a)/(C_d A \rho w \rho a)]^{1/2}$$

(3-13)

メスシリンダーに水を満たし，球を水面から落下させる．助走区間を経た後の速度（終端速度）u をストップウオッチなどを使って測定し問題3.12で求めた終端速度の式を使って抵抗係数を求める．

$$C_d = 2mg(\rho w - \rho a)/(u^2 A \rho w \rho a)$$

(3-14)

いま，$U = 41.67$ m/s

$D = C_d A(\rho U^2/2) = 0.05 \times 2 \times 20 \times (1.22 \times 41.67^2/2) = 2.12$ kN

式 (3.155) より，

$L = C_{Ll}(\rho U^2/2) = 0.4 \times 2 \times 20 \times (1.22 \times 41.67^2/2) = 16.95$ kN

所要動力は，

$W = DU = 2120 \times 41.67 = 88.34$ kW

第 4 章

(4-1)

飛行機の高さを h，観測者の真上から飛行機からの音が聞こえはじめるまで水平方向に移動した距離を L，ならびにマッハ円錐の半頂角を α とすると，幾何学的な関係から，$h/L = \tan\alpha$，$\alpha = \sin^{-1}(1/M)$．したがって，このときの物体の移動速度 $V = Ma$ より，音が聞こえ始める時間は $T = L/V$ となる．

(4-2)

飛行機を静止させて考えると，無限遠方からマッハ数Mの気流が先端に衝突することになるので式 (4.35) から，$T_0 = T[1 + 0.5(\kappa - 1)M^2]$ となる．

(4-3)

先細ノズルなので臨界圧力以下であればよい．$p_b < 0.528 p_0$（p_0 はタンク内圧力）．また最大流量は式 (4.46) から求められる．

(4-4)

適正膨張なので等エントロピー式 (4.38) から出口温度が，式 (4.39) を変形して出口マッハ数が求められる．また適正膨張なので式 (4.46) を用いてスロート部の質量流量が求められる．これと連続の式から，出口断面積が求められる．

(4-5)

この問題ではピストン速度 V と管の出口圧力 p_1, 出口温度 T_1 がわかっている．また，$u_2 = u_1 - V$ なので衝撃波の移動速度 u_1 は式 (4.51) より

$$\frac{\kappa}{\kappa-1}\frac{p_1}{\rho_1} + \frac{1}{2}u_1^2 = \frac{1}{2}\frac{\kappa+1}{\kappa-1}u_1 u_2$$

となり，$u_1^2 - \{(\kappa+1)/2\}V u_1 - \kappa R T_1 = 0$ から u_1 が求められる．また，式 (4.50) から

$$p_2 = p_1 + \rho_1 u_1^2 - \rho_2 u_2^2 = p_1 + \rho_1 u_1(u_1 - u_2)$$

なので p_2 が求められる．

第5章

(5-1)

圧力 p と出力電圧 V の関係は $p = 1000V - 500$．出力電圧が $V = 1.0$ V の際の圧力は $p = 500$ Pa．

(5-2)

流れの速度は，1.223 m/s．

(5-3)

絞り部の速度が 5 m/s となるので，流量は 0.039 m^3/s．

(5-4)

非圧縮流れの連続の式，運動方程式は次式で与えられる．

$$\nabla \cdot \boldsymbol{u} = 0$$

$$\frac{\partial \boldsymbol{u}}{\partial t} + \nabla \cdot (\boldsymbol{u}\boldsymbol{u}) = -\frac{1}{\rho}\nabla p + \nu \nabla \cdot (\nabla \boldsymbol{u} + \nabla \boldsymbol{u}^T)$$

これを平均化し，かつ平均に対する平均は $\overline{\overline{\boldsymbol{u}}} = \overline{\boldsymbol{u}}$ で変動に関する平均は $\overline{\boldsymbol{u}'} = 0$ なので，

$$\overline{\boldsymbol{u}\boldsymbol{u}} = \overline{(\overline{\boldsymbol{u}}+\boldsymbol{u}')(\overline{\boldsymbol{u}}+\boldsymbol{u}')} = \overline{\boldsymbol{u}}\,\overline{\boldsymbol{u}} + \overline{\boldsymbol{u}'\boldsymbol{u}'}$$

この関係から式 (5.13) が導かれる．

(5-5)

問題 (5-4) と同じ基礎式にフィルタをかければよいが，問題 (5-4) の平均化とは異なり，

$\langle \boldsymbol{u}\boldsymbol{u}\rangle = \langle(u_i+u_i')(u_j+u_j')\rangle$

$\qquad = \langle\langle u_i\rangle\langle u_j\rangle\rangle+\langle\langle u_i\rangle u_j'\rangle+\langle\langle u_j\rangle u_i'\rangle+\langle u_i'u_j'\rangle$

$\langle\tau\rangle = \langle\langle u_i\rangle\langle u_j\rangle\rangle+\langle\langle u_i\rangle u_j'\rangle+\langle\langle u_j\rangle u_i'\rangle+\langle u_i'u_j'\rangle-\langle u_i\rangle\langle u_j\rangle$

より $\langle \boldsymbol{u}\boldsymbol{u}\rangle = \langle\tau\rangle+\langle\boldsymbol{u}\rangle\langle\boldsymbol{u}\rangle$

となり，これを代入して整理すると式 (5.23) が得られる．

(5-6)

レイノルズ数が大きくなると流れは一般に乱流状態となり大小さまざまな渦が形成されるが，小さいスケールの渦は通常の乱流計算では捉えることができないので，小さい渦による流れ場への影響を表すモデルを導入しなければならない．

第6章

(6-1)

高さ 40 m における風速は 5.757 m/s，粗度長は 0.204．

(6-2)

比速度は 85.62 [rpm, m^3/min, m]，流量は 0.0929 m^3/min．

(6-3)

流量は 0.364 m^3/s，軸動力は 58.82 kW．

(6-4)

有効落差は 90 m，軸動力は 7.061 MW．

(6-5)

風のエネルギーは 422.8 kW，効率は 23.65 %．

参考文献

1) 原　智男・槌田　昭：噴流について，日本機械学会誌，**66**-537（1963）1333
2) 村田　進・三宅　裕：水力学，理工学社（1981）
3) 竹内清秀・近藤純正：大気科学講座1 地表に近い大気，東京大学出版会（1981）
4) 古屋善正・村上光清・山田　豊：流体工学，朝倉書店（1982）
5) 森川敬信・鮎川恭三・辻　裕：流れ学，朝倉書店（1982）
6) 植松時雄：水力学，産業図書（1984）
7) 原田幸夫：工業流体力学，槙書店（1985）
8) 中山泰喜：流体の力学，養賢堂（1989）
9) 吉野彰男・菊山功嗣・宮田勝文・山下新太郎：流体工学演習，共立出版（1989）
10) 中村育雄：乱流現象，朝倉書店（1992）
11) 中林功一・伊藤基之・鬼頭修巳：流体力学の基礎（1），（2），コロナ社（1993）
12) 松尾一泰：圧縮性流体力学，理工学社（1994）
13) 田古里哲夫・荒川忠一：流体工学，東京大学出版会（1995）
14) 日野幹雄：流体力学，朝倉書店（1995）
15) 竹内清秀：風の気象学，東京大学出版会（1997）
16) 中村喜代次・森　教安：連続体力学の基礎，コロナ社（1998）
17) 古川明徳・金子賢二・林秀千人：流れの工学，朝倉書店（2000）
18) 小林敏雄 編：数値流体力学ハンドブック，丸善（2003）
19) 佐藤恵一・木村繁男・上野久儀・増山　豊：流れ学，朝倉書店（2004）
20) 社河内敏彦：噴流工学－基礎と応用－，森北出版（2004）
21) 社河内敏彦・前田太佳夫・辻本公一：流れ工学，養賢堂（2007）
22) 日本機械学会編：機械工学便覧（改定第7版），日本機械学会（2007）
23) Abramovich, G. N. : The Theory of Turbulent Jets, MIT Press, Cambridge, Mass. (1963)
24) Hinze, J. O. : Turbulence, McGraw-Hill (1975)
25) Rajaratnam, N. : Turbulent Jets, Elsevier (1976)
26) Schlichting, H. : Boundary Layer Theory (7th ed.), McGraw – Hill (1979)
27) Holman, J. P. : Heat Transfer, McGraw-Hill (1981)
28) Blevins, R. D. : Applied Fluid Dynamics Handbook, Van Nostrand Reihold (1984)
29) Kline, S. J., Reynolds, W. C., Schraub, F. A. and Runstadle, P. W. : The structure of turbulent boundary layer, *Journal of Fluid Mechanics*, **30** (1967) 741

30) Brown, G. L. and Roshko, A. : On density effects and large structure in turbulent mixing layers, *Journal of Fluid Mechanics*, **64** (1974) 775
31) Dimotakis, P. E., Lye, R. C. M. and Papantoniou, D. A. : Structure and dynamics of round turbulent jets, *Physics of Fluids*, **26** (1983) 3185
32) Hussain, A. K. M. : Coherent structures and turbulence, *Journal of Fluid Mechanics*, 173 (1986) 303
33) Robinson, S. K. : Coherent motions in the turbulent boundary layer, *Annual Review of Fluid Mechanics*, **23** (1991) 601

索　引

あ　行

アーチ渦 ……………………… 167
亜音速流れ …………………… 131
圧縮性流体 …………………… 125
圧力 ……………………………… 9
圧力（形状）抵抗 ………… 112, 113
圧力抵抗 ……………………… 72
圧力方程式 …………………… 53
安定 …………………………… 171
一様な流れ …………………… 56
一般速度分布 ………………… 85
渦 ………………………… 25, 58
渦度 …………………………… 19
渦なし流れ …………………… 53
渦粘性型乱流モデル ………… 158
渦粘性係数 ……………… 81, 100
渦流量計 ……………………… 151
運動学的相似 ………………… 43
運動方程式 ……………… 40, 41
運動量厚さ …………………… 74
運動量欠陥 …………………… 115
運動量交換 …………………… 91
運動量積分方程式 ……… 77, 78
運動量保存式（運動方程式） … 31
運動量流束 …………………… 82
エアレーション ……………… 179
エクマン層 ……………… 170, 172
エネルギー式 ………………… 40
エネルギー保存式 …………… 34
円管内層流の速度分布 ……… 70
円形層流自由噴流の速度分布 … 102

円形乱流自由噴流の速度分布 … 102
エンタルピー ………………… 126
円柱の抵抗係数 ……………… 116
円柱周りの流れ ……………… 62
円筒座標系 ……………… 41, 68
オイラー的方法 ……………… 14
オイラーの運動方程式 ……… 45
応力 ……………………………… 8
音速 …………………………… 128
温度成層 ……………………… 171

か　行

カーボネーション …………… 179
回転 …………………………… 18
外部境界層 …………………… 170
海陸風 ………………………… 175
拡散係数 ……………………… 95
仮想原点位置 ………………… 91
カルマン渦列 …………… 91, 110
カルマン渦列の渦放出振動数 … 113
カルマン定数 ………………… 172
環状噴霧流 …………………… 176
環状流 ………………………… 178
完全気体 ……………………… 125
気圧傾度力 …………………… 173
気液二相流 …………………… 176
幾何学的相似 ………………… 42
気泡塊 ………………………… 176
気泡群 ………………………… 176
気泡ポンプ …………………… 178
気泡流 …………………… 176, 177
基本単位 ………………………… 1

逆圧力勾配	89
球座標系	41
球の抗力	117
境界層	73
境界層厚さ	73
境界層のはく離	89
境界適合格子	155
強制渦	25
気流分級	180
空気輸送	176
クオリティ	178
クッタ・ジューコフスキーの式	119
クッタの条件	65
クヌッセン数	7
組立単位	1
グラウエルト	105
クラウザー線図	109
グリッドスケール	160
クロージャ問題	157
クロネッカーのデルタ	21
形状抵抗	72
ゲルトラー	94
ケルビンの循環定理	49
検査体積	70
後縁	119
格子生成	154
拘束渦	121
剛体運動	16
後流または伴流	90
抗力	62
抗力係数	121
抗力（抵抗）	112
固液二相流	176
コーシー・リーマンの関係	55
固気二相流	176

極超音速流れ	131
誤差関数	101
固体粒子群	176
コリオリの力	172
混合距離	82
混合層	100, 163
混相流	176

さ 行

最大揚力係数	121
先細ノズル	138
座標系	13
サブグリッドスケール	160
三次元（軸対称）円形自由噴流	101
ジェット粉砕	180
軸対称流れ	51
軸動力	185, 186
次元	2
地衡風	172
自己保存流	93
実質微分	15
失速	121
失速角	121
質量保存式（連続の式）	28, 40, 41
自由渦	26, 121
自由境界	73
ジューコフスキー変換	64, 66
収縮	17
集塵機	180
自由せん断層	105
終端速度	117
自由噴流	91
自由落下	117
自由乱流領域（後流または伴流）	109
シュリヒティング	92

順圧力勾配 ････････････････････ 90
循環 ･･････････････････････ 47, 118
循環定理 ･･････････････････････ 49
蒸気流 ･･････････････････････ 178
衝撃波 ･･････････････････････ 140
状態方程式 ･･････････････････ 125
初期領域 ･･････････････････････ 93
吸込み ････････････････････････ 57
水車 ････････････････････････ 187
水車効率 ････････････････････ 187
垂直応力 ････････････････････････ 9
垂直衝撃波 ････････････････････ 141
水動力 ･･････････････････････ 187
水力輸送 ････････････････････ 176
数値流体力学 ････････････････ 152
スカラー ･･････････････････････ 3
ストークス流れ ･･････････････ 117
ストークスの仮定 ･････････････ 21
ストリーク構造 ･･････････････ 166
スペクトル法 ････････････････ 154
すべりなし条件 ･･････････････ 10
スマゴリンスキーモデル ･････ 160
スラグ流 ････････････････ 176, 177
スロート ････････････････････ 139
接地層 ･･････････････････････ 170
遷移域 ･･････････････････････････ 81
遷移領域 ･･････････････････ 75, 93
前縁 ･･････････････････････ 74, 119
遷音速流れ ････････････････････ 131
全温度 ･･････････････････････ 134
せん状流 ････････････････････ 178
せん断 ････････････････････････ 18
せん断応力 ･･････････････････････ 9
せん断層 ････････････････････ 100
造波抵抗 ････････････････ 72, 112, 113

送風機 ･･････････････････････ 185
送風機効率 ･･････････････････ 186
層流境界層 ･･････････････････ 74
層流境界層の運動方程式 ･････ 77
速度欠陥 ････････････････････ 109
速度勾配 ････････････････････ 94
速度ポテンシャル ････････････ 52
粗度長 ･･････････････････････ 172
そり ････････････････････････ 120
そり線 ･･････････････････････ 120

た　行

ターボ機械 ･･････････････････ 180
大気境界層 ････････････････ 168, 170
大規模渦構造 ････････････････ 90
対数法則 ････････････････ 85, 86, 172
体積流束 ････････････････････ 177
体積流量比 ･･････････････････ 177
体積力 ･･････････････････････ 8, 68
対流境界層 ･･････････････････ 171
縦渦 ･･････････････････････ 165, 167
縦横比（アスペクト比） ･･････ 120
ダランベールの背理 ･･････････ 62
単位 ･･････････････････････････ 1
断熱流れ ････････････････････ 132
断熱よどみ点温度 ････････････ 134
断面抗力係数 ････････････････ 121
力 ････････････････････････････ 8
秩序構造 ････････････････････ 163
中立 ････････････････････････ 171
超音速流れ ････････････････････ 131
超音波流速計 ････････････････ 149
超音波流量計 ････････････････ 151
直接数値シミュレーション ･･･ 161
直交格子 ････････････････････ 154

直交座標系	41	二次元乱流壁面噴流の速度分布	107
翼	119	二重吹出し	59
翼の性能曲線	120	2方程式モデル	158
定圧比熱	126	ニュートンの粘性法則	11
抵抗係数	113, 114	ニュートン流体	21
抵抗力	72	熱線流速計	146
定常流れ	22	熱伝達率	178
定積比熱	125	熱伝導	12
テイラー展開	5	熱伝導率	13
デカルト座標系	41	熱膜流速計	147
電磁流量計	150	熱輸送の支配方程式	38
等エントロピー流れ	134	熱力学の第一法則	126
等エントロピー変化	127	粘性	10
等角写像	63	粘性応力	20
動粘性係数	11	粘性係数	11
動粘度	11	粘性底層	81
ドップラー式音波レーダ	149	粘性流体	68
トルミーン	94	粘着条件	10
		ノンスリップ条件	10

な 行

は 行

内部エネルギー	35, 125	ハーゲン・ポアズイユの法則	71
内部境界層	170, 174	バーホッフ	108
流れ関数	49, 95	排除厚さ	74
流れのはく離	72	はく離	90
1/7乗則	72, 85	はく離せん断層	109
ナビエ・ストークスの運動方程式	34, 68	はく離点	109
		発達領域	93
ナブラ	4	半値幅	95
二次元円柱後流の速度欠陥速度分布	111	半導体式圧力変換機	145
		非圧縮流れ	19, 131
二次元自由せん断層，混合層の速度分布	101	非圧縮流れ場	40
		非回転流れ	19, 53
二次元自由噴流	91	非構造格子	155
二次元層流噴流の速度分布	93	比速度	183, 184
二次元乱流噴流の速度分布	97		

比体積	8
非定常流れ	22
非ニュートン流体	21
比熱	127
非粘性流体	45
微粉粒子	176
標準 $k-\varepsilon$ モデル	158
不安定	171
フィルタ関数	159
風車	188
風車効率	188
フーリエの法則	12
フェルスマン	97, 106
付加質量	118
吹出し	57
複素ポテンシャル	54
物体が流体から受ける抵抗力	114
ブラジウスの厳密解	77
プラントル	73
プラントルの第二仮定	94
浮力	118
フルード数	43
ブレイド	164
プレストン管	109
プロフィール法	79
分級機	180
粉体塗装	180
噴霧流	176, 178
噴流	90, 163
噴流現象	90
噴流の種類	92
ヘアピン渦	167
平均自由行程	7
平均摩擦抵抗係数	87
並進運動	16

平板の抗力	88
平板翼	118
壁面せん断層	105
壁面せん断応力	80
壁面噴流	104
壁面摩擦応力	109
壁乱流	166
ベクトル	3
ベクトル表示	3
ヘシュケシュッタット	99
ベルヌーイの式	47, 53
ポアズイユ流れ	123
ボイド率	176
膨張	17
保存法則	28
ホットフィルム法	109
ポテンシャル	46
ポテンシャルコア	93
ポンプ	184

ま 行

マイクロスケール	169
マイクロバブル	179
マグヌス効果	62, 119
マクロスケール	169
摩擦係数	80
摩擦速度	83, 172
摩擦抵抗	72, 112
摩擦抵抗係数	86, 88
MAC 法型	155
マッハ円錐	131
マッハ数	130
密度	8
迎え角	120
無次元化	42

無次元速度分布 · · · · · · · · · · · · · · · · 98	ランキン・ユゴニオの式 · · · · · · · · · 142
メソスケール · · · · · · · · · · · · · · · · · · 169	乱流域 · 81
MEMS · 168	乱流境界層 · 75
面積力 · 8	乱流境界層の対数速度分布 · · · · · · · 85
	乱流構造 · 163
や 行	乱流せん断応力 · · · · · · · · · · · · · · · · · 82
山谷風 · 175	力学的エネルギー · · · · · · · · · · · · · · · 35
有限差分法 · 152	力学的相似 · 43
有限体積法 · 153	離散化 · 152
有限幅翼 · 123	理想気体 · 125
有限要素法 · 153	理想流体 · 45
有効落差 · 187	リブ · 164
誘導抗力係数 · · · · · · · · · · · · · · · · · · · 121	流管 · 22
誘導速度 · 122	粒子画像流速計 · · · · · · · · · · · · · · · · 148
誘導抵抗 · · · · · · · · · · · · · · · 72, 112, 113	粒子追跡流速計 · · · · · · · · · · · · · · · · 149
誘導抵抗係数 · · · · · · · · · · · · · · · · · · · 122	流跡線 · 24
揚抗曲線 · 121	流線 · 22
揚抗比 · 121	流体機械 · 180
揚力 · · · · · · · · · · · · · · · · · · 62, 112, 118	流体動力 · 181
揚力係数 · 121	流体粒子 · · · · · · · · · · · · · · · · · 14, 116
翼厚 · 120	流動抵抗 · 112
翼形 · 119	流脈線 · 24
翼弦 · 119	臨界レイノルズ数 · · · · · · · · · · · · · · 116
翼弦長 · 120	レイノルズ応力 · · · · · · · · · 82, 99, 157
翼端渦 · 121	レイノルズ数 · · · · · · · · · · · · · · · · · · 43
翼幅 · 120	レイノルズ分解 · · · · · · · · · · · · · · · · · 82
よどみ点（岐点） · · · · · · · · · · · · · · · 109	レイノルズ平均モデル · · · · · · · · · · 156
	レーザ・ドップラー流速計 · · · · · · 148
ら 行	連続体 · 7
ラージエディシミュレーション · · · · 159	連続の式 · · · · · · · · · · · · · · · 28, 40, 41
ライヒャルト · · · · · · · · · · · · · · · · · · · 97	
ラグランジュ的方法 · · · · · · · · · · · · · · 14	**わ 行**
ラバールノズル · · · · · · · · · · · · · · · · · 139	湧出し · 57
ランキン渦（組合せ渦） · · · · · · · · · · 27	

著者略歴

社河内　敏彦（Shakouchi Toshihiko）
　愛媛大学大学院工学研究科修士課程（機械工学専攻）修了
　工学博士（名古屋大学）
　三重大学大学院工学研究科・教授
　専門：流体工学，特に各種噴流現象，後流，せん断流（気液二相，固気二相などの混相流を含む）の挙動と制御，など．

辻本　公一（Tsujimoto Koichi）
　大阪大学大学院工学研究科修士課程（機械工学専攻）修了
　工学博士（大阪大学）
　三重大学大学院工学研究科・准教授
　専門：流体工学，特に，数値解析による流動現象の解明とその制御，など．

前田　太佳夫（Maeda Takao）
　名古屋大学大学院工学研究科博士課程（機械工学専攻）満了
　工学博士（名古屋大学）
　三重大学大学院工学研究科・教授
　専門：流体工学，特に，ターボ機械，実験流体力学，自然エネルギー，など．

| JCLS |〈㈱日本著作出版権管理システム委託出版物〉

| 2008 | 2008年7月26日　第1版発行 |

```
┌──────────────┐
│　流体力学　　│
│ —基礎と応用— │
├──────────────┤
│著者との申　　│
│し合せによ　　│
│り検印省略　　│
└──────────────┘
```

著作代表者　　社　河内　敏彦
　　　　　　　　　　しゃ　こうち　としひこ

　©著作権所有

発　行　者　　株式会社　養　賢　堂
　　　　　　　代　表　者　及　川　　清

定価 3150 円
（本体 3000 円）
　税　5％

印　刷　者　　株式会社　三　秀　舎
　　　　　　　責　任　者　山岸　真純

〒113-0033　東京都文京区本郷5丁目30番15号
発 行 所　株式会社　養賢堂　　TEL 東京(03)3814-0911　振替00120
　　　　　　　　　　　　　　　FAX 東京(03)3812-2615　7-25700
　　　　　　　URL http://www.yokendo.com/

ISBN978-4-8425-0437-7　C3053

PRINTED IN JAPAN　　　　　　　製本所　株式会社三水舎

本書の無断複写は、著作権法上での例外を除き、禁じられています。
本書は、㈱日本著作出版権管理システム（JCLS）への委託出版物です。
本書を複写される場合は、そのつど㈱日本著作出版権管理システム
（電話03-3817-5670、FAX 03-3815-8199）の許諾を得てください。